防震减灾科普丛书

认识地震

白建方　编著

中国铁道出版社

2010年·北　京

内容简介

本书为《防震减灾科普丛书》的第 1 册，用通俗易懂的语言对有关地震的基本知识进行了介绍。全书共分 7 章：首先描述了地震的发生背景，即我们生活的地球的演化历史、内部构造以及有关大陆形成的三个假说；在此基础上，解释了地震的成因，并从不同的角度对地震的类型加以划分；然后阐述了全球范围内和我国范围内的主要地震带分布情况；最后对地震灾害及发生地震时的伴生现象进行了直观的描述。此外，为了方便读者理解有关地震的基本知识，在第 6 章对一些常用的地震术语进行了讲解；在本书的最后，选择了 20 世纪以来国内外的几个典型大地震呈现给读者。

本书是一本面向大众的地震科普读物，也可供防灾减灾工程及防护工程专业的学生及教学人员使用。

图书在版编目(CIP)数据

认识地震/白建方编著. —北京：中国铁道出版社，2010.4

(防震减灾科普丛书)

ISBN 978-7-113-11119-9

Ⅰ.①认… Ⅱ.①白… Ⅲ.①地震—普及读物 Ⅳ.①P315-49

中国版本图书馆 CIP 数据核字(2010)第 034420 号

书　　名：防震减灾科普丛书
认识地震
作　　者：白建方　编著

策划编辑：江新锡
责任编辑：徐　艳　**电话**：010－63549495　**电子信箱**：xy810@eyou.com
编辑助理：陈小刚
封面设计：崔　欣
责任校对：张玉华
责任印制：李　佳

出版发行：中国铁道出版社（100054，北京市宣武区右安门西街 8 号）
网　　址：http://www.tdpress.com
印　　刷：北京市兴顺印刷厂
版　　次：2010 年 4 月第 1 版　2010 年 4 月第 1 次印刷
开　　本：850mm×1 168mm　1/32　印张：3.5　字数：88 千
书　　号：ISBN 978-7-113-11119-9
定　　价：9.00 元

前　言

我国属于多地震国家，占全球约 1/4 的人口承受了约 1/3 的大陆地震和约 1/2 的地震死亡人数。地震灾害不仅导致了大量人员伤亡，而且导致人类赖以生存的环境的破坏。2008 年 5 月 12 日，四川省汶川县发生了 8 级特大地震。地震波及 16 个省、自治区、直辖市，造成近 7 万人遇难，4 万人受伤，累计受灾人数约 4 555 万人，破坏特别严重的地区超过 10 万平方千米。

救灾的首要任务是救人，要最大限度地减轻地震灾害，必须增强人们的防震减灾意识。如果掌握了一定的防震减灾知识，人们便有可能保护自己。在此背景下，本套丛书的推出希望能帮助人们认识地震发生的成因，了解一些实用的防震减灾知识，掌握简单易行的紧急避险和震后自救互救方法，增强对地震灾害的应对和心理承受能力，努力做到防患于未然，把地震可能造成的损失减少到最低程度。

本套丛书主要包括四部分内容：《认识地震》、《地震预测预报》、《地震预防与抗震》、《地震应急与对策》。《认识地震》通俗易懂地介绍了一些有关地震的基础知识，包括地球的构造、地震的成因与类型、地震带的分布等，并解释了地震中一些基本术语，让人们对地震有个初步的了解。在此基础上，《地震预测预报》介绍了目前地震预报的现状及常用方法，并结合实际案例介绍了地震预报背后相关工作人员艰辛的心路历程和地震预报中的两难选择。由于地震预报尚属世界性难题，短期内无法取得突破，因此人们自然想到的是通过将房屋结构设计的坚固耐用来提高其抗震能力，《地震预防与抗震》中就介绍了村镇和城市中常见房屋的抗震设防知识，包括场地的选择、结构选型、抗震概念设计以及震后房屋鉴定与加固等内容，让人们知道什么样的房屋对抗震是有利的，什么位置的房屋对抗震是不利的。地震属自然现象，它的发生不以人的意志为转移，一旦发生地震，那么在地震中采用怎样的应急与对策就直接决定了人们逃生的希望与财产损失的大小，《地震应急与对策》提供了一些实用的地震避险方法和自救、互救对策。

最后在本丛书出版之际，感谢中国铁道出版社给予的积极配合，感谢石家庄铁道学院提供的宽松而愉悦的工作环境，衷心地希望本丛书的推出能为我国的防震减灾事业贡献一份绵薄之力。

白建方

2010年1月

目　录

第1章　我们的地球

1.1　地球的演化历史

地球在宇宙中是一个并不起眼的天体，只是太阳系中的普通一员。然而，在太阳系的九大行星中，地球又是独一无二的。这是因为，地球上有水及生命；还因为它的板块运动，它的地壳和地幔之间的循环以及地核与地幔之间的相互作用，这些现象在其他行星上或是没有发生，或是已经消亡。

虽然人类正热衷于探索宇宙中的生命，但是迄今为止仍未有有价值的实质性发现。毫无疑问，地球提供的优越条件使它十分适合于生命的生存和繁殖。地球与太阳的距离适中，使地球获得了适量的太阳辐射，地表平均温度在14 ℃左右，这为生物的起源与发展，为人类的出现与生存提供了条件；另外，地球的质量适中，为1.00，而水星的质量极低，为0.05，木星的质量则高达317.94。地球的平均密度为5.52 g/cm^3，而土星的平均密度只有0.70 g/cm^3。地球适中的质量和较高的密度，使其周围保持着大气和水体，而液态水的存在对于生命的存在是至关重要的。

液态水的存在和转移，对于地壳环境的变迁也十分重要。地球内部的活动主要受地球内部的热所驱动。现在地球内部的热状态，是它能够产生板块运动，并造成今日地球外观千姿百态的主要动力。

虽然地球大气的成分随地球年龄而有所变化，但是现在的地球岩石圈、水圈、大气圈、生物圈的相辅相成，使得地球大气可以提供足够供生命需要的氧气，同时又有足够的二氧化碳来保护生命免受太阳剧烈辐射的伤害。地球的这些独特的构造和现象，主要是由原始地球上所堆积颗粒的物质成分以及它的演化历史所决定的。地球的演化历史可用图 1.1 表示。

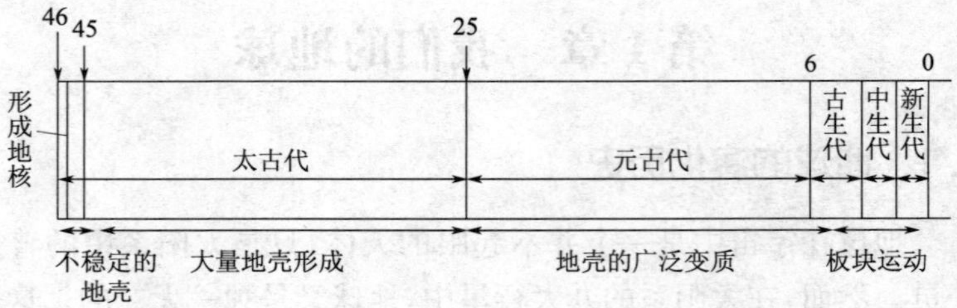

图 1.1　地球的演化历史

注：图上方的数字表示距现在的时间，单位为亿年；图中的文字，表示在不同时期中，地球演化的主要特征。

原始地球，是在 46 亿年前，由许多星际颗粒积聚而成。这些颗粒的成分与陨石相似，各种硅酸盐的颗粒和金属铁—镍的颗粒，互相掺杂混和在一起，可能还有一定数量的硫化铁和氧化铁。其中硅酸盐的熔点较高，密度较小，而铁—镍的熔点较低，密度较大。由于颗粒积聚时碰撞所产生的热，以及初期地球存在的短寿命放射性物质衰变时所产生的热，原始地球很快便被加热，温度达到金属铁—镍的熔点，使金属铁—镍以及硫化铁、氧化铁等成分熔化。由于它们的密度较大，因此向地心集中(图 1.2)。从这个过程一开始，很大一部分的“重力位能”便被释放出来，使原始地球的加热速度更快，因此又使金属铁—镍向地心集中的速度也加快。据估计，金属铁—镍向地心集中形成地核的过程不会超过 1 亿年。由于铁—镍成分的熔化，并分离开来，向地心集中，形成地核，剩下较轻的硅酸盐物质便形成现在的地幔。

在形成地核和地幔的同时，或是稍晚一些，组成地球的物质中一些更轻的成分(主要是玄武岩)也从地幔中分异出来，形成地壳。地球形成后不久，刚从地幔分异出来的地壳很薄，而且不稳定。地壳的成分主要是玄武岩。后来有些地壳俯冲到上地幔，与上地幔物质起化学作用，形成花岗岩。只是到了这个时候，才产生了由许多分散的块组成的大陆地壳，但块的体积都不大。

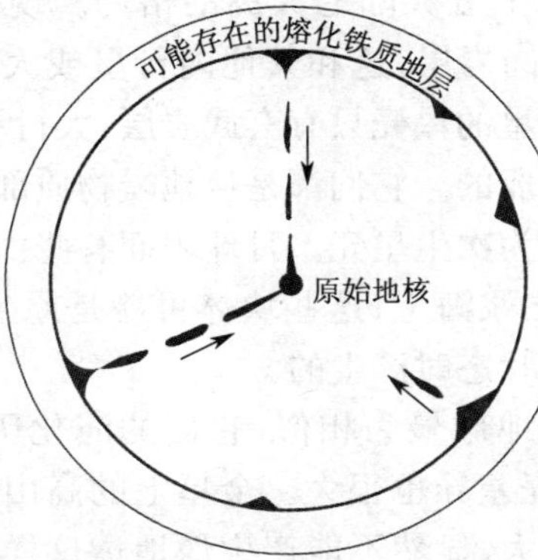

图 1.2　地核的形成

注：铁的熔点较低，而密度较大。原始地球可能有一层熔化的铁层，
然后自不同地点向地心汇聚，其间历时可能很短。

在开始的 6 亿～7 亿年时间内，地壳很容易遭到岩浆作用和陨石撞击的破坏，这解释了为什么现今地面上找不到比 40 亿年更老的岩石。

大约在 40 亿年前，陨石对地面的撞击达到最高潮，这时大陆地壳形成的速度也加快了。在太古代时，已有较多的大陆形成。

自 25 亿年前到 6 亿年前，这段时期称为元古代。在元古代的初期，大约 3/4 的大陆地壳已经形成。后来，许多有花岗岩的地壳块体互相碰撞并缝合在一起，形成为数不多的大陆坚稳地，或称地盾。在此时期，地球内部温度逐渐降低，地壳和岩石圈变得更加坚硬。这时，地壳经历了广泛的岩浆作用和变质作用。在太古代时期，地球内部比现今要热得多。那时冒泡似的垂直向运动可能比水平向的滑动要剧烈得多，因此，像现今的板块构造还没有形成。现在还没有确切的证据说明板块构造运动是从什么时候开始的，但很可能是在元古代中期(18 亿年前)以后，板块构造运动才开始启动。以后，大陆经历了数次的拼合和分裂。

大约在 5 亿年前，大陆拼合成为一个超级大陆，但后来又逐渐分裂成为今日地球上五大陆七大洲的格局。现今大陆地壳存在 10～20 km 厚的花岗岩层，这和其他内行星或大行星的卫星有很大不同。其他内行星的星壳只有玄武岩层；大行星的卫星，其星壳是由冰—岩混合组成的。它们都是从地幔物质部分熔化后分异出来的。这种星壳称为次生星壳。月球表面有些由斜长岩组成的块体，飘浮在无水的岩浆海上；这些块体可能是原生月壳，在月球刚形成但仍处于熔化状态时产生的。

金星的大小和地球最为相似，它们的演化历史可能也相似。但是，金星壳和地壳差异也很大。金星上的高山是由玄武岩组成的。玄武岩的密度大，显然不能产生像地球这样的俯冲带。火星和水星上也没有发现像地球大陆这样的花岗岩层。

随着地球内部物质的加热和部分熔化，被封闭的原始结晶水，多半以热蒸汽的形态被释放出来，并且与熔岩一起被带到地面上。按照现在火山岩喷发的速度，这样产生的水便可以形成海洋中的水。

关于地球大气层何时形成以及如何形成的问题，要更复杂得多。但是，有一点是可以肯定的，即原始地球的大气层与现在主要由氮和氧所组成的大气层有很大差异。因为在原始地球积聚过程中，依靠重力无法保持大气层。所以大气层的成分必然是由于地球内部的“出气”所组成。从火山喷发的物质可知，地球“出气”中会有 H_2O、HCl、CO、CO_2 和 N_2 等，而 H_2 很快便会逃逸。由于太阳的光解作用，有些 H_2O 会被分解为 H_2 和 O_2；H_2 照样会逃逸，而 O_2 又很活跃，非常容易和地壳的气体或地壳物质组成氧化物。因此，现在大气层中的自由 O_2 只能在地球出现绿色植物以后，由于光合作用，把 CO_2 和 H_2O 变成有机物和 O_2。等到光合作用所生成的 O_2 比组成氧化物时所消耗的 O_2 还多时，足够多的 O_2 才能被积聚。

地球上大部分 CO_2 都与其他物质化合，组成石灰岩、煤、石油等，成为今日人类的主要能源。少量存留的 CO_2 成为植物光合作用必不可少的原料。

地球与太阳相距大约1.4亿千米。如果地球与太阳距离缩短1 000 km的话,地球上的温度便会增高,使水蒸气不会冷却成水,大气中的CO_2也不会组成岩石层中的燃料。果真如此的话,地球的面貌将会大大改观!

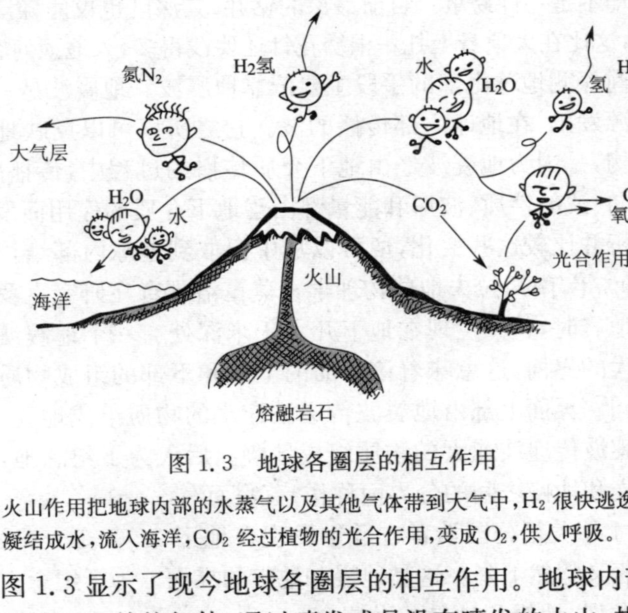

图1.3 地球各圈层的相互作用

注:火山作用把地球内部的水蒸气以及其他气体带到大气中,H_2很快逃逸。水蒸气凝结成水,流入海洋,CO_2经过植物的光合作用,变成O_2,供人呼吸。

图1.3显示了现今地球各圈层的相互作用。地球内部的水、二氧化碳以及其他气体,通过喷发或是没有喷发的火山,排放到大气中去。太阳光把水分子分解成氢和氧。植物的光合作用消耗了大气中的二氧化碳,而把新生的氧排到大气中,供给人们的需要。围绕地球的岩石圈、水圈、大气圈以及生物圈,形成了一个奇妙的大循环。经历了几十亿年丰富多彩的演化,地球终于演变成了如今这样一个独特的行星。

1.2 地球的内部构造

由于地球自转的缘故,实际的地球是一个赤道凸出的椭球体。

根据大地测量的结果，地球的赤道半径为 6 378 km，极地半径 6 357 km，从地面到地心的平均半径是 6 371 km。俗话说“不知天高地厚”，比喻天地难测，讥讽那些知其然不知其所以然，而又不虚心的人。然而在科学技术发达的今天，地有多厚已为人们所熟知，人们对地球的了解比起古人来要深刻得多，但要了解地球内部的状况却不是一件易事。目前最深的钻井，其深度也仅能探测地球的表皮，这比在大象身上扎一根绣花针还要浅得多，入地谈何容易。

目前探测地球内部的手段主要依靠地震波。地震波是一种由地震震源发出，在地球内部传播的波。它之所以可以反映地球内部的结构，是因为地震波经由地下介质传播的过程中，传播路径、振动方向、波的性质、波形和能量都由于地下介质的作用而发生变化。分析并比较这些变化，便可以从中提取到地球内部结构的信息。1909 年，南斯拉夫地球物理学家莫霍洛维奇在研究克罗地亚地区的地震时，首先发现在地下几十千米深处有一个地震波波速突然增大的界面，这意味着该界面的上部和下部的组成物质有明显的不同。界面上部由地震波传递波速小的物质组成地壳，而下部由地震波传递波速大的物质组成地幔。后人为了纪念他，就把这一地壳和地幔之间的分界面称作“莫霍面”。

1914 年美籍德国学者古登堡发现在地下 2 900 km 深处，地震波波速又骤然下降。这是地幔和地核的界面。为了纪念古登堡的这一发现，地幔和地核的分界面被称作“古登堡面”。此外，在地下 5 000 千米到 5 100 多千米的深处，地震波速又有显著的变化，由此地核被分成外核和内核两大部分。由此可见，地球被分为地壳、地幔和地核三大圈层，见图 1.4。当然在三大圈层内还有更详细的分层，见表 1.1。

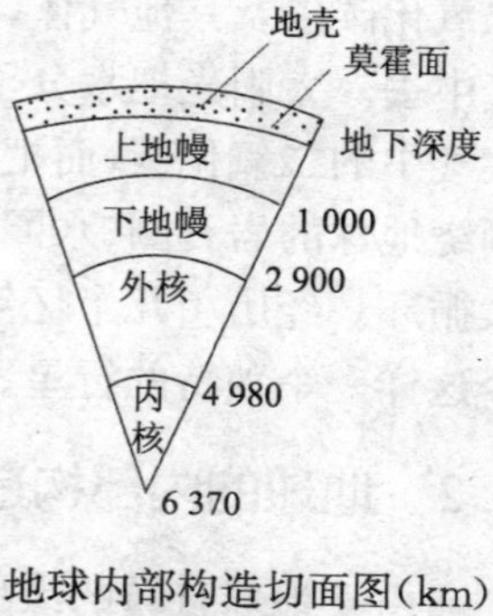

图 1.4　地球内部构造切面图(km)

表 1.1　地球的主要分层

分　层	深度的主要分层(km)	物理状态
地壳(上岩石层)	5～11(海洋处地壳) 0～36(大陆处地壳)	固态 固态
上地幔 盖层(下岩石层) 软流层 过渡层 下地幔 外核 内核	莫霍界面～150 150～250 250～650 650～2 891 2 891～5 155 5 155～6 371	固态 部分融熔 固态 固态 液态 固态

地球的结构可以用人们熟悉并经常食用的鸡蛋的结构来比喻。地壳相当于鸡蛋皮，地幔相当于鸡蛋白，地核相当于鸡蛋黄。但是地球这个特大号的"鸡蛋"并没有完全煮熟，因为它的"蛋白"和"蛋黄"都有一部分呈现液体状态。

地壳处在地球的最外层，各处的厚度不一致，大概在 5～70 km之间。整个地壳平均厚度约 17 km。大陆地壳平均厚度 35 km。高原地区地壳厚度大，世界屋脊青藏高原的地壳厚度达到 70 km。海洋地区地壳比陆地薄得多，平均厚度为 5～10 km。大陆性地壳和大洋性地壳的分界线并不在人们所熟悉的海陆交界处，而是在海岸线的外侧，在陡峻的大陆坡的外缘，位于大陆坡的坡脚，从那里向海才是真正的海洋型地壳。虽然大陆架和大陆坡都位于海面以下，但它们不属于大洋型地壳，而属于大陆型地壳。地壳的体积仅占全球体积的 1%，质量为全球的 0.4%。地壳由具有弹性和塑性的岩石构成，愈往深处，塑性愈大。地壳上层由氧化硅和氧化铝含量丰富的沉积岩和岩浆岩中的花岗岩构成。下层主要由氧化硅和氧化镁含量丰富的玄武岩与辉长岩类构成。地壳是人们眼睛所能觉察到的地球的表面部分。地壳运动使陆地隆起，由于隆起的高度不一致，使岩石圈出现巨大的褶皱。岩块因褶皱或受挤压便形成了不同形态的大山(图 1.5)。强烈的褶皱使同一时代形成的岩层断裂出现断层。两个大断层之间形成漫长的断裂带，这一凹陷地形称为裂谷(图 1.6)。有许多河流发源在裂谷中，在裂谷中流淌。地壳的形态复杂而壮观，巍峨的大山、奔腾的江河使人目不暇接，海底的高山峻岭和广阔的平原使人浮想联翩。

图 1.5　原来水平的刚性岩石层在长时期作用的构造力挤压下产生褶皱

图 1.6　裂谷形态

地幔是介于地壳和地核之间的中间层。莫霍面是它的上界，古登堡面是它的下界。地幔可分为上下两层。上地幔的厚度大约在莫霍面以下至 1 000 km 的深处。橄榄岩是组成上地幔的主要岩石，有较大的可塑性。在上地幔上部，大约 60～250 km 甚至 400 km 的深度，是放射性元素大量集中的地带，由于放射性元素蜕变释放出巨大的热量，促使岩石软化，部分呈熔融状态，因而被称为软流层(或软流圈)。软流层是产生岩浆的源地。在软流层以上，由坚硬的岩石组成，称为岩石圈。岩石圈是由地壳和上地幔的一部分组成。下地幔处在 1 000～2 900 km 深处，厚度达到1 900 km，呈固体状态。地幔底部物质十分坚硬，其硬度要比普通状态下的钢大4倍，可谓比铁还硬，比钢还强。

地核主要由铁、镍组成。它的埋藏深度在2 900～6 371 km。可分为外核和内核两部分。内、外核的状态截然不同。外核在古登堡面以下的2 900～5 100 km深处，是由铁、镍、硅等元素组成的熔融体，近似于液体状态；而内核从地下5 200 km至地心，被确认为是固态。令人不解的是这里比外核更热，然而球体却始终保持固态。这与地核的物理状态与化学成分有重要的关系。当然对于这一复杂的问题，还需要通过不断研究才能解开这个谜。

人类从古到今，运用打井、钻探等方法向地壳深处掘成的洞，最深的只有10 km左右，只是到达地球中心深度6 371 km的1/600，因而要真正了解地球深部的结构，那将是一件十分遥远的事情。然而，1974年美国康奈尔大学的地质学家却宣布，说他们找到了在外核形成的岩石；这些外核岩石就是分布在俄勒冈州山里的一些岩石，许多人不敢相信。地质学家们对此作出了解释，认为俄勒冈州山里的岩石是由上升的熔岩流把它们从地核卷至地球表面的。这些岩石的化学组成、密度与矿物结构都与外核岩石一致。据康奈尔大学实验室分析，这种岩石的成分中，86%是铁和镍，这与地核岩石中的铁和镍的组成是十分相似的。

从地表到地心物理状态发生着巨大的变化，温度、压力和物质密度都有很大的不同，地球表层岩石的密度不到3 g/cm^3。而地心处密度可达13 g/cm^3，温度达到3 000～5 000 ℃，压力约为35万兆帕斯卡。

地球的质量可以粗略地从地面重力加速度（重力）按下面公式求得。如果不计地球的不对称性以及地球自转，地面的重力为

$$g=\frac{GM}{r^2}$$

式中，G为万有引力常数，M为地球质量，r为地球半径。更准确的M值可以从空间探测或是月球的激光数据得到。其值为

$$M=5.974\times10^{24}\ \mathrm{kg}$$

地球的平均密度为

$$\rho=5\ 515\ \mathrm{kg/m^3}$$

1.3 大地构造学说

人们可以观察到多种多样的地球活动。地球有的活动转瞬即逝,有的活动则长年累月的缓慢进行;有的活动在地壳就可以觉察到,有的活动则隐藏在地球深处。例如,地震的发生仅在一刹那之间,但是一次大地震的孕育过程却需要数年、数十年或更长的时间,而山脉的隆起和盆地的沉降却是经过数以百万年或千万年的历程。地球的活动对我们周围环境产生很大影响。它不仅控制着矿物的生成和元素的运移,造福于人类;也孕育着地震、火山等自然灾害,直接威胁人类的生存。

为了解释这些地球活动现象背后的原因,地质学家们先后提出了不同的大地构造学说。

1.3.1 大陆漂移说

在20世纪之初,生活在地球上的每一个人都不会想到脚下的大陆在漂移,都感到大陆纹丝不动,或谓坚如磐石。可是有一个与众不同的人,却提出了大陆漂移学说。这个人理所当然地遭到众人的攻击和非难。他倡导的学说被斥责为荒谬的理论,他本人也被称为不切实际的幻想家。更具讽刺意味的是在标榜新潮、提倡标新立异的美国,也极少有人相信大陆漂移说,如果有个别学者追随大陆漂移说,那么他就很难当上大学教授了。大陆漂移说如此不受欢迎,被许多国家拒之门外。那么是谁提出了大陆漂移说,大陆漂移的证据何在呢?大陆漂移说由德国科学家魏格纳于1912~1915年期间首先提出。该学说一经发表,便引起一阵轰动,有赞成者,也引起了许多人的反对。尤其是在1930年以后,随着魏格纳过早地在格陵兰冰原上谢世,大陆漂移说也随之衰落了。然而魏格纳的学说及其智慧是不可战胜的。大陆漂移说在历经二三十年的沉寂之后，随着古地磁研究的深入，电子计算机的兴起，蒙受冤屈的大陆漂移说终于得到了昭雪，并在该学说的基础上，又创立了海底扩张学说及板块构造学说，从而不仅开创了灿烂的海洋地质世纪，而且推动了整个科学事业的进步。大陆漂移说终于再现辉煌。

年轻的德国气象学家魏格纳是一个才华横溢、思路敏捷的人。1910年的一天，他因病卧床。魏格纳是一个闲不住的人，在病床上他也未停止思索。许多科学难题、自然现象在他脑海中风驰电掣般地掠过。当他的目光落到房间里的一幅世界地图上的时候，他瞪大了眼睛，紧锁双眉，陷入了沉思。这是他缜密思考，有所感悟的常有神态，因为他意外地发现大西洋两岸轮廓彼此十分对应，尤其是巴西东端的直角突出部分，与非洲西岸直角凹进的几内亚湾，能彼此紧密地镶嵌在一起。除此之外，巴西海岸的所有突出部分，都能与非洲西岸的海湾咬合在一起；而巴西海岸的每一个海湾，又都能与非洲海岸上的相应的突出岬角紧密咬合在一起。此时，魏格纳的思绪再也难以平静，翻腾起伏的脑海中，一个念头越来越清晰：非洲大陆与南美洲大陆曾经连接在一起，它们曾是一个完整的大陆，在它们之间没有海洋，后来这个大陆开裂、漂移分开才有了海洋。

魏格纳决心为大陆漂移说献出自己的一切。魏格纳是一个气象学家，更是一个非凡的科学家，他充满了为科学而献身的精神，并具有惊人的胆略，超人的智慧，勇往直前的勇气。魏格纳在26岁时，为结合气象学的研究，参加了自由气球续航飞行。他在飞行中充分表现了超人的胆量和勇于探险的性格，连续飞行52 h，一举打破世界纪录。在战胜了气流颠簸的惊心动魄的飞行中，他与自己的兄弟一起乘气球随风飘过德国、丹麦，越过丹麦和瑞典间的卡特加特海峡，最后又飞回德国。作为一个气象学家，打破了气球飞行的世界纪录，那是一件了不起的事情，这正是他的意志、毅力的体现。他决心为一个崭新的领域去拼搏，并认真学习地质学、古生物学知识，努力寻觅大陆曾经连接，而后又分裂漂移的证据。魏格纳执意要把大陆漂移说这个难题追究到底。从此，开始了他艰难曲折、波澜壮阔的一生。大陆漂移说也从此开始了跌宕起伏、兴衰变化的历程。

魏格纳的大陆漂移说发表以后，曾遭到许多人的反对，其受挫的根本原因，在于当时大陆固定论根深蒂固，具有广泛的影响。而大陆漂移说是新生事物，自身还存在许多不成熟之处，难以一下子被人们所接受，因而遭到冷落与讥讽的厄运。传统的大陆固定论显得那样的稳固和强大。在大陆固定论者的眼里，新生的大陆漂移说是不堪一击、不攻自破的。对于魏格纳提出的各种大陆漂移说的证据，大陆固定论者不是视而不见，就是横加指责。例如，魏格纳引用达尔文的全球考察成果，指出在德国、英国等地发现一种园庭蜗牛，而在大西洋对岸的北美洲也发现了它们的踪迹。这些生活在北美洲大西洋沿岸的园庭蜗牛素以步履缓慢著称，它每小时只能爬行 5.4 m，只有人步行速度的千分之一。这样缓慢爬行的蜗牛，又不善于游泳，它是不可能跨过大西洋的惊涛骇浪，从大西洋此岸到达彼岸去的。又如舌羊齿植物化石广泛地分布于印度及南半球各大陆的晚古生代地层中。上述两例都足以证明地球上曾存在过统一的古陆。可是，大陆固定论者并不正视这一现实，他们认为各大洲之间地层古生物方面的相似性，是因为从前在它们之间存在过“陆桥”，通过“陆桥”这些动物或植物可以自由往来或传播，甚至还有人提出植物可以通过强劲的风使种子传播到很远的地方，或是鸟类及会飞的昆虫也可能携带微小的生物飞越大海，到达另一大陆，然后繁殖起来。还有一些大陆固定论者提出，大西洋两岸的海岸线看起来彼此能吻合在一起，但仔细琢磨起来还有不少难以吻合之处。

魏格纳的名著《海陆的起源》是一部震撼人心的学术著作。许多人，当然包括许多的大陆固定论者，在初次读到这部名著时都流露出震惊、激动，但更多的是难以置信。他们心中稳如磐石的大陆，怎么能像一艘巨轮那样漂浮，真是不可思议。他们怀着酸楚的心情，带着一丝悲凉，心有余悸地称魏格纳的大陆漂移说是“一位大诗人的梦”。1930年，魏格纳在格陵兰冰原上进行科学考察时，在与严酷险恶的大自然的抗争中，由于超过人类生命极限的重负及艰难跋涉的过度辛劳，就在他50岁生日那一天，永远地离开了他最心爱、最理解的地球。一颗科学巨星陨落了，他的学说也随之被乌云所遮掩。

大陆漂移说沉寂了二三十年，到了1954年，英国著名物理学家布莱克特在伦敦发表了对英国2亿年前的红色砂岩的化石磁性的研究结果，他通过磁性变化的研究，发现测得的古纬度要比英国目前所处的纬度低得多。因为红色砂岩反映暖热气候，多形成在热带地区，而英国目前是处在温带地区，两者纬度相差在20°以上。

布莱克特的关于英国2亿年前红色砂岩化石磁性的研究结果，对魏格纳的大陆漂移说十分有利，由此揭开了大陆漂移说“复兴”的序幕。古地磁学家通过对南美洲和非洲等大陆岩石的考察，测出2亿年前的古生代磁极移动的轨迹大致吻合，证明它们在古生代属于同一个大陆地块。只是自2亿年以来，由于统一古陆四散漂移，导致漂移大陆的磁极移动轨迹也各奔东西了。这使人们强烈地感觉到魏格纳没有错，而正是那些坚持大陆固定论的人错了，他们应为反对魏格纳，扼杀大陆漂移说而内疚。

1960年，布莱克特的古地磁学研究成果已得到大家公认。古地磁学作为地质学的一个新兴学科已大显风采。以布莱克特为首的英国地球物理学家，长期以来埋头于化石磁性的测定和研究，他们为科学而献身，为探寻地球变化的客观规律而拼搏，他们的努力获得丰厚的回报，古地磁资料完全独立地证实了大陆的漂移，并且漂移还在继续，古地磁学的成果使人们对大陆漂移说重新在心底燃起信任和希望之火。

1965年，布拉德和他的同伴依据最新的海图，对大西洋两岸的大陆坡，即当年大陆裂开时的崖壁，运用电子计算机技术进行了拼接，获得了大西洋东西边缘完美无缺的拼接图，恢复了2亿年前非洲和南美洲连成一体的原貌，那时大西洋并不存在。这张拼接图给人的印象太深刻了，它告诉人们大陆漂移说不容抹杀，它是不可战胜的，同时也向全世界宣告魏格纳才是真正的科学巨人。

1.3.2 海底扩张说

长期以来，上天入地一直是人们的美好的憧憬。前苏联宇航员加加林于 1961 年驾驶飞船飞上太空，人类上天的梦想终于得以实现，那是人类发展史上一个永远值得纪念的日子。可是入地却一直徘徊在人们的梦乡之中，入地无门至今仍是众人知晓的事实。洋底被黑暗所笼罩，那里是一个神秘莫测的谜一样的世界，要穿过洋底地壳进入地幔及地核那更是遥遥无期的事，入地难于上天已成为人们的共识；可是人类从来没有放弃入地的理想，他们正在为实现这一理想而努力奋斗。目前所做的工作，就是了解洋底的真相，探索地球的组成和结构。目前了解洋底深处最直接、最直观的方法就是进行深海钻探，获取钻孔岩心，从对岩心的分析研究中了解洋底深处的状况，为人类了解洋底真相迈出重要的一步。深海钻探取得的丰硕成果推动了海底扩张说的发展。深海钻探船“挑战者”号是海底扩张说最好的见证者。

在深海进行钻探，地质学家们在 20 世纪 50 年代就有了这个想法。20 世纪 60 年代初，美国就开始执行在洋底钻透地壳进入地幔的“莫霍计划”，从 1968 年开始，美国斯克利普斯海洋研究所、伍兹霍尔海洋研究所及哥伦比亚大学拉蒙特地质研究所和迈阿密大学海洋研究所联合制定了一个“深海钻探计划”。为了实现这一计划，建造了“挑战者”号深海钻探船。该船长 122 m，排水量 105 000 t，钻探深度为 7 600 m，后期加深至 8 200 m。这艘具有动力定位系统能在大风浪里停泊定位，具有重返井孔系统，能够自动找到原来井孔位置并继续进行钻探等卓越性能的钻探船，在世界各大洋进行了范围广泛的钻探和取样，为海洋地质学的发展和海底扩张学说的发展作出了不可磨灭的贡献。

海底扩张学说是由美国普林斯顿大学地质系主任赫斯于 20

世纪60年代初最先提出的。该学说认为，大洋中脊和裂谷体系是地壳以下呈熔融状态的地幔物质上升的涌出口。涌出的地幔物质冷凝成新的海底，并推动先期形成的海底逐渐向两侧对称地扩张。由此引起新生大洋的发育和两侧大陆的漂移及分离。因此，赫斯认为大西洋和印度洋中脊的裂谷系不仅是制造海底的加工厂，而且也是大陆漂移的发源地。当洋底扩张到太平洋边缘海沟处，便向下俯冲，老洋底返回到地幔中去。由此可见，所有的洋底地壳都相当年轻，其年龄均在2亿年以下。

海底扩张说为人们展现出一幅惊心动魄的画卷。海底扩张说十分形象、生动地描绘出大陆漂移、大洋演化的奥秘。海底扩张说来源于大陆漂移说，又极大地发展了大陆漂移说。海底扩张说为“地球科学的革命”迈出了决定性的一步。

“挑战者”号深海钻探船，以向奥妙无穷的地球和对地球科学进行挑战的豪情，以不达目的誓不罢休的姿态，在世界各大洋搏击风浪，取得了一个又一个深海钻探的岩心资料。它的每一次深海钻探都使地质学家们按捺不住激动的心情，因为每一次深海钻探都将给他们带来预先想到的结果，证明他们提出的想法或理论的可靠；也经常会带来一些意想不到的结果，使他们找到了解决研究难题的突破口或看到了新的地球科学理论即将出现的曙光。在经历了两年的深海钻探工作以后，“挑战者”号取得了许多宝贵的岩心。有许多钻孔打穿了海底厚厚的沉积层，进入洋底地壳玄武岩层。对大洋中取得的所有岩心进行分析研究并进行年龄测定，发现它们的年龄都小于1.6亿年，而大陆上发现的最古老的岩石年龄达到38亿年。这就如同一个母亲同时生下的两个孩子，一个已是38岁的健壮的中年人，而另一个却永远长不大，一直是一个刚会走路、咿呀学语的1岁半的孩子。这一现象说明，海底地壳不像大陆上的岩石圈，从形成后就一直连续不断地发育成长，而是不断地进行着破坏和更新的过程。老的洋底地壳被深海沟全部吞没了，在洋底连一小块未被吞没的老洋底都找不到，它们全成了海底扩张的牺牲品。新陈代谢无所不在，无处不有。洋底的新陈代谢维系着地球的活力和生命。

“挑战者”号深海钻探船的工作受到支持海底扩张说的科学家的拥护，同时也受到怀疑和反对该学说的科学家的注目。1968 年 12 月至 1969 年 1 月，“挑战者”号执行的第 3 个航次，是从西非的最大港口达喀尔至巴西的里约热内卢的南大西洋海域进行钻探。钻探点的位置沿着垂直于大西洋中脊的走向排列，共设 10 个钻探点，钻探点都布置在已知洋底年龄的地区。因而此航次“挑战者”号肩负着重要的使命，它将通过洋底取样及岩心年龄的测定来验证海底扩张说的科学性和可信性。经过 1 年多的分析研究，于 1970 年公布了研究结果。科学家们像发现奇迹似的振奋，因为“挑战者”号取得的岩心，测定出的年龄与事先已知的岩石的年龄几乎完全一致。“挑战者”号以最公正的见证者的身份，证明海底扩张说是科学的理论，它经得住任何实践的考验。

洋底地壳的年龄以大洋中脊为对称轴，随着离开洋中脊的距离的增加，其年龄有规律地增加，离开洋中脊越远年龄越大。如在太平洋年龄最老的洋底位于西太平洋日本海沟和马里亚纳海沟以东的海域；在大西洋，最老的洋底位于北大西洋接近美洲和非洲北部的海域；在印度洋，最老的洋底在它的东北部海域。“挑战者”号的深海钻探还有许多宝贵的发现，如洋底沉积层的厚度自中脊轴部向两侧逐渐加大，在中脊轴部为零，没有沉积物形成，在大洋边缘沉积物厚度可增加到 1.3 km 左右。

20 世纪 60 年代中期以后，随着海底扩张说的兴起，一场“地球科学的革命”已蓬勃展开，地质学、地球物理学的新技术和新理论层出不穷。这不仅使海洋地质学成为自然科学中的佼佼者，而且推动了整个世界科学水平的提高。在这一场“地球科学的革命”中，欧美科学家，尤其是英国年轻的科学家为此作出了突出的贡献。相比之下，我国的地质学和地球物理学家当时因处在“文化大革命”的动乱年代，科学思想受到禁锢，所以在“地球科学的革命”

中表现得十分沉闷。与欧美等国相比，我国显然是落伍了，错过了一次与欧美国家一起，充分发挥我国科学家的聪明才智，在“地球科学的革命”中一展身手的机会。中国血统的地质学家许靖华曾任瑞士苏黎世高等工程学院地质系主任、国际沉积学会会长，在沉积学和海底扩张的研究方面颇有成就。他参加了“挑战者”号在南大西洋的考察，亲眼目睹了取样过程和取得的岩心样品。通过测定深海钻探样品，证明海底扩张说确实是科学的理论。他不仅认为大陆漂移和海底扩张说是正确的，而且为海底扩张说提供了一些新的证据，为海底扩张说的进一步完善作出了贡献。“挑战者”号在地中海进行钻探时，碰上了盐层，许靖华等学者对这一发现进行了研究，认为平均深度约 1 600 m 的浩瀚的地中海，在距今1 000多万年前的晚中新世时曾一度完全枯竭。

“挑战者”号深海钻探取得了令人瞩目的辉煌成就。目前已有德国、日本、英国、法国、俄罗斯等国都相继加人了“深海钻探计划”的有关工作。从 1975 年开始，进入“海洋钻探的国际阶段”。我国自改革开放以来，加强了与国际学术界的交往，并于 1995 年申请加入了“深海钻探计划”组织。1999 年 3 月 3 日，中国海洋第七科学深钻在北纬 9°22′，东经 113°17′，水深 2 272 m 处的海底开钻。

1.3.3　板块构造学说

大陆漂移说的兴起，激起了地质学家们对这一学说进行深入研究的热情。赫斯和迪茨提出的海底扩张说的一系列精辟的论断，使海底扩张说被大家所接受并使大陆漂移说更趋成熟。科学是没有止境的，在崎岖的道路上攀登的科学家不会止步不前。魏格纳的后来人，一批充满理想、勇于探索的新人，终于在大陆漂移说和海底扩张说的沃土中，培育出一颗新苗——板块构造学说，并迅速长成参天大树。大陆漂移说和海底扩张说得到了进一步的发展，并使“地球科学的革命”达到了更辉煌的顶峰。

1965 年的英国剑桥大学群星荟萃。威尔逊、赫斯、布拉德、马修斯、瓦因等地质及地球物理学界的顶尖人物会聚一堂，开展学术交流，他们之间进行了热烈的交流、讨论，甚至争论。通过相互启发，取长补短，使大家获益匪浅。一些新的学术观点、科学概念从朦胧中逐渐变得清晰起来。他们在讨论中最感兴趣的是，对海底扩张说作出重大贡献的威尔逊在1965年提出的“板块构造学说”的最初轮廓。此时板块像磁铁一样吸引着他们。板块那无穷的魅力、丰富的内涵震撼着他们的心灵。

板块的全称是“岩石圈板块”。地壳不是一块完整地覆盖在地球表面的板状岩体，而是像一些形状不一的用作拼图游戏的拼图板拼接而成。这些“拼图板”叫做板块。法国地球物理学家勒皮雄把全球概括为六大板块，即欧亚板块、非洲板块、美洲板块、印度板块（或称印度洋板块、澳大利亚板块）、南极洲板块和太平洋板块。这地球上的六大板块，几乎都包括陆地和海域，并不是单由陆地或海洋所组成。例如，太平洋板块以海域为主，但是北美圣安德烈斯断层以西的陆地以及加利福尼亚半岛也包含其中。再有美洲板块，除美洲大陆外，还包括大西洋中脊以西的大西洋海域。由此可见，板块的划分是根据板块的边界而定，并不受陆地和海洋的限制。

板块是怎样形成的呢？可以说大洋中脊是板块的制造车间。新的板块不断地从这里制造出来。大洋中脊轴部是板块的分离型边界，在其两侧板块不断裂开，地幔中的熔融物质不断涌出，形成新的海底，并镶接在两侧板块的后缘上。所以，大洋中脊轴部就是板块生长的边界。

板块构造学说认为，当今地球上的板块不停地缓慢运动着。这一点与魏格纳的大陆漂移说的观点一致，都认为地球表层是漂浮着的。然而，它们的运动机制不同。魏格纳认为由花岗岩层组成的大陆型地壳漂浮在由玄武岩组成的大洋型地壳上。板块构造说认为岩石圈板块漂浮在软流圈上。这里指的岩石圈通常包括地壳和一小部分上地幔。而洋底地壳厚度平均只有6.5 km，地壳与地幔的分界面——莫霍面是它的下限，显然岩石圈的厚度，大于地壳厚度。在岩石圈以下存在一个由较热、较轻、较软物质组成的且具有一定塑性的可蠕动层，称为软流圈。板块驮在软流圈上，随着对流被动移动。大陆仅仅是附着在庞大而深厚的板块上的一部分，随板块漂移而漂移；大陆就像坐在平板车上的孩子随车而动，又好像是一艘自身既无帆又没有动力的船，随着流动的水漂泊。板块却像漂浮在水面上的巨大冰山，身不由己地被对流的地幔物质推动着前行。

地幔对流实际上发生在软流圈中。因此，对流的地幔物质不是推动着地壳底部，而是推动着岩石圈的底部。这是板块构造学说的精髓。对板块构造学说而言，岩石圈和软流圈的概念，要比地壳和地幔的区分更为重要。岩石圈和软流圈之间的区别，在于其组成物质的软硬强度不同。软流圈物质硬度小，岩石圈才是地球真正的坚硬的外壳。岩石圈是一个脆硬的、有弹性的刚硬岩体。从地壳向下经莫霍面到达地幔顶部，此处的物质比地壳还要刚硬。包裹着地球表面的岩石圈沿着大洋中脊、海沟和转换断层被分割成 6 个巨大的岩石圈板块。这里提出的转换断层指的是大洋中脊轴部向两侧的海底扩张而引起的相对运动。这种运动在大洋中脊轴部是经常不断地在进行。转换断层错动方向也就是海底扩张的方向。转换断层的提出，表明海底扩张说的成熟，而且促使板块构造学说的兴起。

转换断层是加拿大多伦多大学著名的地质地球物理学家威尔逊发现并提出的。这是威尔逊对海底扩张说和板块构造学说作出的杰出贡献。威尔逊思维敏捷，他对大洋中分布的许多岛屿进行了研究。他认为大洋中的火山岛是洋底来客，它们从洋底来到水面上。他带领一个研究小组，收集分析了大洋岛屿的年龄资料，发现几乎所有的大洋岛屿的年龄都小于 1.5 亿年。同时还发现大西洋的岛屿，离开洋中脊越远，其年龄就越老。例如，洋中脊上的杨马延岛年龄小于 1 000 万年，亚速尔群岛增加到 2 000 万年，再远的百慕大群岛为 3 600 万年，在非洲西海岸附近的费尔南多波岛和普林西比岛的年龄达到 1.2 亿年。威尔逊发现的大洋中的火山岛年龄及其分布规律，是海底扩张说的有力证据。学识渊博的威尔逊在学术上取得了辉煌的成就。他被人们推崇为海底扩张说和板块构造学说的先驱，是一位可与魏格纳齐名的“地球科学革命”中的英雄。

在地球上形成的六大板块之间没有任何的缝隙。洋底最深的沟谷也不会穿透板块。大洋中脊裂谷两侧，板块分离，裂谷张开，但来自地幔的熔融的岩浆会立即来充填出现的空隙。就这样，板块完全把地球表面包裹起来了，大陆和海洋无一处例外。

岩石圈下面的软流圈，对于板块运动来说意义非凡，有了软流圈的存在，才有了板块运动。板块运动更深刻地解释了大陆的漂移。不仅包含魏格纳提出的大陆漂移，而且连洋底都一起在软流圈上漂移。

板块漂移和相遇碰撞，迸发出无与伦比的能量，喜马拉雅山的崛起，就是印度板块与欧亚板块碰撞的产物。在板块的边界，经常发生震惊寰宇的人间惨剧。例如 1969 年 2 月，葡萄牙、西班牙、摩洛哥一带发生一起破坏性地震。这次地震被地震监测网的精密仪器测出，其震源在直布罗陀海峡附近的大西洋海底。法国科学家勒皮雄领导了这次地震监测活动。在法国“让·夏尔科”号调查船上发现海底出现了一条新的断裂，勒皮雄以造山作用目击者的身份，在现场看到断裂一侧岩石上升了 1 m 多。1755 年葡萄牙里斯本发生的 8.7 级地震的震源看来也是位于直布罗陀海峡附近。这里正处于欧亚板块和非洲板块的汇聚边界。这两大板块的碰撞，导致了地震的发生，伴随着岩层顷刻间的破裂，并发生错动。1908 年意大利西西里岛大地震也发生在欧亚板块和非洲板块之间，这次大地震使墨西拿约 3 万人丧失了生命。全球地震带的分布与板块的边界十分一致。全球地震能量的 95％都是在板块边界释放出来。由此可见，板块在边界处的相互作用是引起地震的主要原因。板块边界是地球上最不平静的地带，在板块内部，地震活动就少得多。

第 2 章　地震成因与类型

2.1　地震的成因

地震是地球上的一种自然现象，对人类的危害十分惨重，被有关国际组织列为自然灾害之首。人类与地震灾害的斗争历史已十分久远。我国战国时代以前的《竹书纪年》中就提到了山东泰山和河南西部两次地震，距今已有 4 000 年的历史。公元 132 年，东汉的张衡发明了世界上最早的地震仪——候风地动仪。用这架地震仪曾准确地判定了一些地震震中的方向。这台地震仪比其他国家的地震仪早 1 700 多年。

究竟为什么会发生地震呢？

我国自古以来就传说，地动就是龙在活动。按这种传说，龙是个十分庞大的神物，一般静卧不动，一旦活动就发生地震。大动大震，小动小震，小到皱眉眨眼，大到翻身打滚。于是，人们总是时时处处给龙王烧香献牲，祈求平安。

西方人把地震带来的灾难看作是上帝的惩罚。公元 1755 年 11 月 1 日，正值万圣节，葡萄牙首府里斯本所有的大教堂都在举行祈祷仪式。善男信女们正在虔诚地祈求上帝拯救他们。突然，一场毁灭性大地震降临里斯本城，教堂坍塌，教徒伤亡。部分幸存者逃到海滨，又被高达 20 m 的大西洋怒涛卷走，死伤极为惨重。狂热的布道者硬说这是上帝对触犯教规者的惩罚。

这次地震，不仅在 6 分钟内将名城里斯本几乎变成一片废墟，也使非洲的摩洛哥损失惨重。连欧洲南部各地的教堂也是大钟震响、吊灯晃动。还使瑞典、瑞士和意大利的湖水泛起了波澜。这次地震的有感直径达 2 000 多千米。

现代科学技术高速发展，人们不会再认为地震是“龙打滚”或

“上帝的惩罚”。科学家根据地震的成因和引发的作用力，将地震分为构造地震、陷落地震、火山地震及人工诱发地震。构造地震是地壳运动使震源内部物质发生了形体和位置的改变引起的；陷落地震是由地壳上层压力造成地下溶洞坍塌引起的；火山地震是由火山喷发引起的；人工诱发地震则是人为地在地下或地表进行的巨大震动引起的，如巨大的地下核试验等。

利用第1章介绍的板块构造学说，很方便地解释构造地震的成因。图2.1绘出了软流层物质从海岭涌出，推动板块水平移动，至海沟外向大陆之下插入，返回到地幔的板块运动示意图。由于地幔物质温度很高，从海岭处涌出后，温度迅速下降，物质逐渐凝固而开始增加强度，海岭上部的物质，在板块运动下受拉力作用，由于强度尚低，所以地震较小而频繁，但当板块漂移到海沟附近时，经过上亿年的冷却而强度增加很大，所以地震较大；又由于板

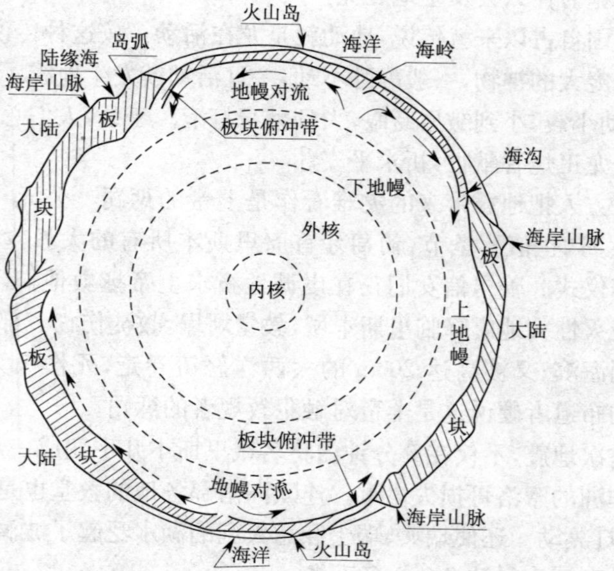

图 2.1　海底扩张示意图

块向下插至地幔时的应力复杂，引起其本身与附近地壳和岩石层的脆性破裂而发生地震。这里的地震可以是浅震(震源深度小于 70 km)，也可以是中深震(震源深度大于 700 km)，后者即由在海沟附近 20～50 km 的宽度内，板块下插至地下深处所引起的。当板块更下插入地幔深处时，由于温度增高，压力加大，岩石软化，不可能断裂，故不致发生地震。这就是占所有地震的 99％的大小板块边缘附近的构造性地震的成因。

上面的解释可能显得过于专业，为了方便读者理解，我们可以解释的更形象一些。地球表面由六大板块构成，板块像一个坚硬的块体("刚体")，不同板块之间的边界却不那么"坚硬"。另一方面，板块的相对运动在板块边界上积累了很大的变形，就好像用力弯曲一根竹棍，使竹棍发生变形一样。当这种变形超过了竹棍的承受能力时，确切地说，当这种变形超过了竹棍上最薄弱的部位的承受能力时，它就要发生断裂。地震就是发生在板块边界或古老的板块的边界附近的岩石的断裂(图 2.2)。在板块边界处，岩石所承受的变形最大，而其承受能力却偏偏又是最小的。这也是为什么板块交界处属于地震多发区的原因。

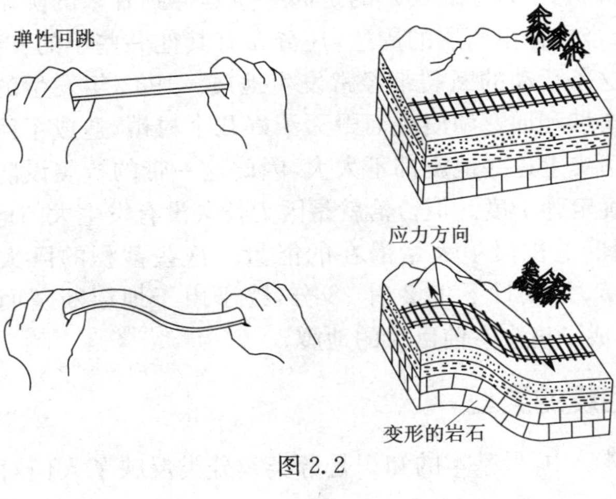

图 2.2

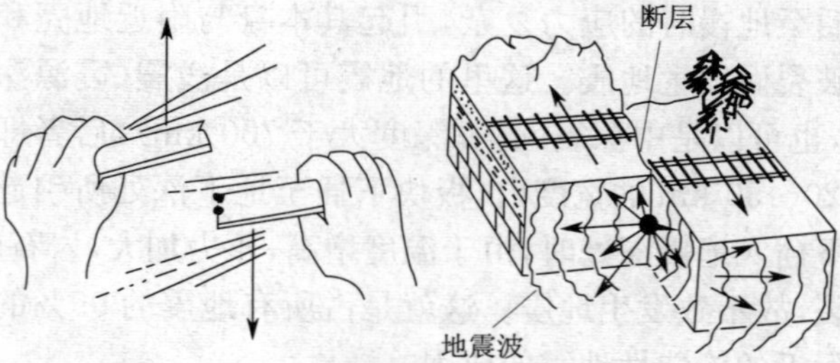

图 2.2　地震发生的物理解释

世界上发生的大部分地震都可用上述这种学说来解释。例如，1755 年发生的里斯本地震灾难，根本并不是“上帝的惩罚”，而是欧亚板块与非洲板块相互碰撞、挤压的结果。因为这次大地震的震源位于直布罗陀海峡附近的大西洋，这也正是前述两板块的汇聚边界。

2008 年 5 月 12 日发生在我国的汶川地震也不例外，其是由于南亚板块（印度板块）向北漂移与欧亚板块（扬子板块为其一部分）碰撞、挤压造成的。青藏高原的隆起源于南亚板块的挤压，而其边缘与扬子板块的挤压则形成了与四川盆地西部平原巨大高差的龙门山脉。两个板块边缘的断层沿着龙门山脉的汶川（映秀）—北川—青川分布，呈北偏东的走向一直延伸到甘肃的陇南和陕西的汉中，当然在主断层的周边，还分布有其他一些小的支系断层。实际沿这条活动的断裂带经常发生地震。1933 年发生的叠溪地震就因滑坡和堰塞湖溃决而毁灭了好几个村镇，造成了巨大的伤亡。但历史上这些地震都不太大，因此这一带的抗震设防烈度基本都被确定为 7 度。但恰恰就是因为长久没有发生大的地震的缘故，断裂带上积聚了大量潜在的能量。这些蓄积的巨大能量到 2008 年 5 月 12 日下午 2 时 28 分，终于由于地层断裂而释放出来，就形成了这次空前巨大的地震。

2.2　地震的类型

在科学中，最基本的知识是分类。分类反映了人们对自然现象的认识水平。从不同的角度,为了不同的研究目的,可以对地震进行不同的划分。

2.2.1　按地震的形成原因分类

按地震的形成原因分:构造地震、陷落地震、火山地震及人工诱发地震。

构造地震是地壳运动使震源处物质发生了形体和位置的改变引起的,世界上的破坏性地震90%以上都属此类。比如,邢台大地震、唐山大地震、汶川大地震等等。

陷落地震是由地壳上层压力造成地下溶洞塌陷引起的地表的震动。比如采矿时由掘进面附近岩石破裂引发的地震。

火山地震是由于火山喷发引起的地表震动。它约占地震总量的7%。火山爆发就像在地下进行爆破一样,当然会使大地产生震动,规模间或也有大的。因为有的火山爆发所拥有的能量,和一次大地震释放出的能量差不多,甚至超过,它所能造成的震动也是不小的。如1914年日本樱岛火山爆发,具有的能量达到4.6×10^{18} J,产生的震动则相当于一个6.7级地震。火山爆发前后也有地震发生。因为在火山爆发前,大量岩浆已在那里的地壳中聚集膨胀,既可以使岩层产生新的断裂,又可以促使那些原有的断裂再次发生变动,所以一般都有地震发生。当然地震也就成了火山快要爆发的信号。在火山爆发后,大量岩浆迅速喷出地表,地下深处的岩浆来不及补充,于是留下空间,那里的岩层就会塌陷,产生断裂,造成一些规模很小的地震。例如1976年8月16日加勒比海中的瓜德罗普岛上的苏拂里埃尔火山爆发后两三天内,发生的地震达到大约1 000次之多。接着,在8月30日又一次大爆发。火山活动地区内的地震是相当多的,不过一般都不大。我国没有正在活动的火山,可能活动的火山也极少,对我国来说,研究这种类型的地震是没有多大意义的。

人工诱发地震是由人为的活动引发的地震。例如巨大的地下核试验,或修建大坝进行水库蓄水而引起的地震等。相对于构造地震来说。核试验引起的地震高频成分比较多,利用这一特点可以区别出某地的地震是天然地震还是核试验地震。比如,在 2009 年朝鲜进行核试验后,国际社会很快就在周边检测到了由核试验所引发的地震动,并据此推断出了核试验的量级有多大。由水库蓄水引起的地震,历史上也频频发生,尤其近几年,随着修建大坝速度的加快,这一问题也再次成为了环境保护学家与地质学家争论的焦点。1967 年 12 月,印度的柯伊那水库地区发生了一次 6.5 级地震,大坝受到破坏,造成严重损失。这个地区原来没有发生过什么地震,可是在 1962 年水库开始蓄水,当蓄水量还没有达到总容量的一半时,这里的小地震就频繁出现,5 年之后,发生了这次破坏性地震。这次地震是不是水库蓄水引起的呢?事实上确实有关,世界上不少水库蓄水后都有过类似的现象。到 1975 年为止,共计有 20 个国家近 50 个水库发生了这类地震,不过一般都很小,5 级和 5 级以上的还不到 10 次,最大的就算印度柯伊那这次 6.5 级地震了。

水库蓄水为什么会发生地震呢?这不仅因为水库中水的重量会增加对那里地壳的压力,同时还由于水向岩层里渗透所产生的力的作用,以及岩石中的水增多后,会改变原来的性能,打乱了原来地壳中力的平衡。但这仅仅是事情的一方面,更重要的原因,是由于那里的地下存在着断裂,水库一般修建在峡谷之中,这种地形的出现,往往与断层有关。当水渗进断裂带以后,使断裂带两边的岩层之间摩擦减少,易于滑动。因此,并不是水库蓄了水就会有地震,主要还在于这里的地壳中有无可以活动的断裂,而水库蓄水只不过是一种触发作用。这类地震,目前记录到得都不大,还没有超过 6.5 级的,可能是因为它的触发作用,使这里地壳中积累的能量通过一系列小地震已经释放出来了。对于这种地震,只要事先估计到它的可能性,采取工程上的预防措施,是可以保证水库安全的。我国广东河源新丰江水库在 1959 年 10 月蓄水,次月即开始发生很小的地震。出现这个情况以后,当即严密监视地震的活动,并采取了加固大坝等措施。因此，在 1962 年 3 月 19 日发生 6.1 级地震时，水库安全无恙。

2.2.2　按震源深度分类

按震源深度分为以下三类：浅源地震、中源地震、深源地震。

地震常发生于地下 70 km 以内，特别是地下 5～20 km 的范围内，对于震源深度在 70 km 以内的地震，称为浅源地震；震源深度在 70～300 km 之间的地震，称为中源地震；震源深度超过 300 km的，称为深源地震。

如就一年中全球所有地震释放的能量来分析比较，计算的结果表明，85%的能量来自浅源地震，12%来自中源地震，3%来自深源地震。绝大多数地震是浅源地震，特别是在大陆上，95%以上的地震是浅源地震。近 40 年来我国邢台、通海、炉霍、昭通、海城、龙陵、唐山、松潘等地发生的强烈地震统统都是浅源地震。汶川地震的震源深度约为 14 km，也属于典型的浅源地震。

中源地震比较少。我国境内也有，如 1973 年 9 月 11 日发生在我国赤尾屿（在台湾省东北）的一次 6.7 级地震，震源深度 141 km，就是一个中源地震。

深源地震主要发生在太平洋中的深海沟附近，目前记录到震源最深的地震是 1934 年 6 月 29 日发生于印度尼西亚苏拉威西岛东的地震，震源深度 720 km，震级为 6.9 级。

我国吉林和黑龙江省东部也发生过深源地震，如 1969 年 4 月 10 日发生在吉林省珲春南的一次 5.5 级地震，震源深度达到 555 km。这样深的地震，震级再高一些，对地面也没有什么影响。

2.2.3　按地震释放的能量大小分类

按地震释放的能量大小分：大地震、小地震。

早期，人们主要是用烈度，即地震造成的破坏的程度来度量一次地震的大小，这种度量就如用炸弹造成的破坏来度量一颗炸弹的 TNT 当量一样。20 世纪 30 年代，里克特（C. F. Richter）引入震级的概念。这一概念相当于在距离炸弹很近的一个“标准距离”

上,用炸弹引起的空气振动的幅度来度量炸弹的威力。这样,量度地震的强度就客观多了。里克特使用的是地面运动的振幅的对数。他使用的“标准”地震仪,是伍德(Wood)-安德森(Anderson)式短周期地震仪。

自从里克特提出“里氏震级”的概念以后,地震学家针对不同的仪器提出了不同的震级。长期以来,地震学家一直相信这些震级之间可以互相换算,即“一个地震只能有一个震级”。但在70年代,人们终于发现这种统一不易实现。原因是地震具有复杂的频谱结构,而每一种特定的震级都是针对一个特定的频段测得的。作为持续近半个世纪的统一震级的努力的终结,德国地震学家杜达(S. J. Duda)把地震分成蓝地震(即以高频为主的地震)和红地震(即以低频为主的地震),这个分类是人类对地震认识的一次重要进步;但这种进步的意义到了20世纪80年代才开始为大多数地震学家所认识。

科技的进步使地震学家对地震的描述由“单色”的变成“彩色”的。不过,促使这一进步出现的并不是理论上的突破,而是观测技术上的突破。1975年前后,两项关键性的技术被引入地震观测,一是电子反馈技术,二是数字化技术。这两项技术的引入给地震学带来一次革命性的变革。

在里克特引入震级之后不久,地震学家古登堡(B. Gutenberg)和里克特就发现,不同震级的地震的频度 N 与震级 M 之间存在一个简单的对数关系

$$\log N = a - bM$$

这个关系称为古登堡-里克特定律。一般说来,大地震少,小地震多,这并不出人意料,但是大地震和小地震之间(至少在一定的范围内)存在一个“干脆利落”的对数关系,却是值得思考的。

再者,古登堡-里克特关系并不像当初人们认为的那么“单纯”。人们发现,由这一定律可以把地震分成小地震、大地震两类。小地震的频度满足标准的古登堡-里克特关系,而大地震的频度则

偏离这种线性关系。对于通过小地震来预测大地震而言，这种分类具有重要的意义。至于为什么会有这种偏离，却是一个有待研究的问题。

小地震还可以进一步分成小地震和更小的地震。更小的地震也同样偏离标准的古登堡—里克特关系。应当指出的是，对更小的地震的研究只能在现代地震学中才能做到，因为要记录到这么小的地震，就需要非常好的记录仪器和很密集的观测网络。这种针对小地震的观测并非是一种纯学术的兴趣，而是因为它对防震减灾很有实际意义。用小地震的分布图像来勾画地下的断层，与由心电图上的微小差别来诊断疾病，道理是相像的。

2.2.4　按一次地震发生的先后顺序分类

按一次地震发生的先后顺序分：主震、余震。

从建立地震学的时候起，人们就注意到地震可以分成两类，主震和余震。在比较大的地震（主震）之后，常常跟随着一些更小的地震（余震）。距主震发生的时间越长，余震越小，余震的数目也越少。当然，这只是统计上的结果，地震的实际情况要比这复杂得多。余震可以分成两种，小余震一般分布在主震断层附近 2～3 km的范围内，且震源的运动方式与主震相似；大余震一般距主震断层较远，震源的运动方式也与主震有很大的差别。对余震的研究有三个意义：一是它有助于深化人们对主震的理解。如果说地震这盏灯照亮了地球的内部，那么余震这些灯则帮助我们照亮了震源区，而主震之后对余震的强化观测，对认识主震通常很有帮助；二是对强余震的预测，可以很有效地减轻地震造成的损失；三是今天看到的很多小地震，也许是过去的大地震的余震。“认出”它们来，有助于在判断未来的地震危险性的过程中“去粗取精、去伪存真”。

2.2.5　按距离震中的远近分类

按距离震中的远近分为：远震、近震、地方震。

远震、近震、地方震是根据地震台站至震中（“震中”这一概念见第 6 章)的距离远近来划分的。震中距大于 1 000 km 的地震叫远震，震中距在 100～1 000 km 范围内的地震叫近震，震中距在 100 km 以内的地震叫地方震。1975 年 2 月 4 日辽宁海城发生的 7.3 级大地震，对于辽南金县地震观测站来说算是地方震，对于北京地震观测站来说算是近震，而对于新疆地震观测站来说就算是远震了。这是指同一地震对不同的地震台而言，至于同一个地震台对不同地区的地震来说，道理也是一样的。

远震、近震、地方震的地震波在地震记录图上的表现形象(即震相)是有所不同的。例如，远震的震相多，而且复杂，振动持续时间长，可达一二十分钟，甚至几小时之久。近震的震相比远震简单，振动的持续时间较短，约 3～4 分钟。地方震的震相又比近震简单，振动持续时间更短，约 1～2 分钟。

由于震中位置、震级、发震时刻、震源深度等地震基本参数的确定，必须建立在可靠的震相分析基础上，因此，区分远震、近震、地方震在地震记录图上表现出的形象特征，是有实际意义的。同时，由于远震、近震、地方震的震相不同，在建立地震台站时，必须选用和配备不同种类的地震仪。

第 3 章　地震的分布

3.1　地震的垂直分布

地震都发生于地壳中及地幔的上部，其中多数发生在地壳部分的数十千米范围内。据统计，有 72％地震的震源发生于地表以下至 33 km 处，深度大于 33 km 的占 28％，其中的 24％分布于 33～300 km 范围内；深度大于 300 km 的地震仅占地震总数的 4％。

(1)浅源地震。以深度为几千米至 30 千米者最多。所有灾害性的地震皆属浅源地震。浅源地震占地震总数的 72％，它所释放的能量约占地震能量总数的 85％。浅源地震在全球分布广泛。大洋地区、各大洋中脊、中隆均是浅震分布的地段。新生代以来的强烈活动的构造带，如大洋边缘深海沟、岛弧区、大陆上的强烈造山带、巨大规模的地堑盆地与裂谷带，以及活动的大断裂带都是浅震密集的地段。我国除东北、台湾和新疆等的局部地区外，所有的地震活动也皆属此类。

(2)中源地震。占地震总数的 24％。全部地震所释放的能量中约 12％来源于中源地震。中源地震主要发生于环太平洋地区，我国中源地震主要分布于东部沿海、西藏雅鲁藏布江以南地区和新疆西南部帕米尔附近等三处。深度在 100～200 km 之间。

(3)深源地震。其中有的还可达 720 km。约占地震总数的 4％，为全部地震释放能量的 3％左右。深源地震全部发生于环太平洋带上(仅个别除外)，它们只分布于下列四个地区：

①萨哈林岛(库页岛)、鄂霍次克海、苏联滨海省、中国鸡西—延吉间，日本海，以及日本伊豆、小笠原岛弧之西。

②爪哇海南部、印度尼西亚苏拉威西岛东南角、伊里安岛以东和以南海中。

③从萨摩亚群岛、汤加岛弧西侧到克马德克群岛附近的海中。

④南美安第斯山脉以东，哥伦比亚的东南部、马西最西部秘旬东南部、阿根廷北部。

不同震源深度地震，在某些地区，例如环太平洋地震带穿过中国东北—北海道—千岛海沟剖面上，显示了由海洋向大陆内部震源深度排列的规律性（图 3.1）。浅源地震都分布于岛弧的外缘、深海沟的内侧与大陆弧状山脉的沿海部分；中源地震几乎都分布于岛弧的里侧及海岸山脉一带；深源地震的震中则更接近于大陆或在大陆的远海部分。

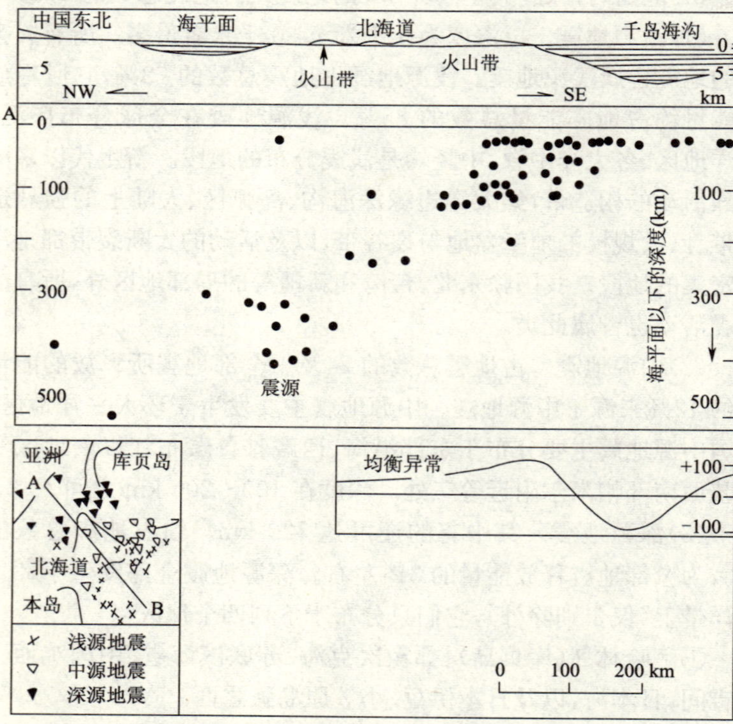

图 3.1　不同深度地震的关系—北纬 43°附近中国东北—北海道—千岛海沟的剖面震源深度分布图

我国地震主要为大陆地震，以浅源为主，在喜马拉雅和台湾地区分布有中源地震，而深源地震仅仅在东北黑龙江—吉林地区。

3.2　地震的平面分布

3.2.1　全球的地震分布

从全球范围来看，每年平均记录到震级 $M \geqslant 5$ 的地震约千次，若将每年发生地震的震中绘到地图上，则可得到图 3.2 那样的震中分布图。

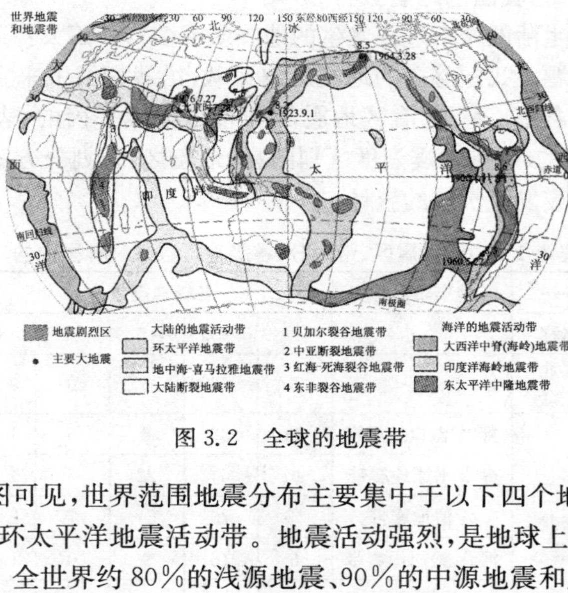

图 3.2　全球的地震带

由图可见，世界范围地震分布主要集中于以下四个地震带：

(1)环太平洋地震活动带。地震活动强烈，是地球上最主要的地震带。全世界约 80％的浅源地震、90％的中源地震和几乎所有的深源地震都集中于此，所释放的地震能量约占全部能量的 80％。但其面积仅占世界地震区总面积的一半。

(2)地中海-喜马拉雅地震活动带。从地震活动性来看，该地震带仅次于环太平洋地震带，它大部分分布于大陆范围内，因此也称欧亚地震带。由于它大多分布于大陆上，所以常造成很大的灾害，除环太平洋地震带外几乎所有的中源地震和大的浅源地震都发生在此地震带内。释放能量占全部地震能量的15%。

(3)大洋海岭地震活动带。是沿大西洋、印度洋、太平洋东部及北冰洋的主要海底山脉(海岭)而分布的。大洋海岭中的地震活动性较前两个地震带微弱得多,仅在大西洋和印度洋海岭地带尚能记录到一般的大震,特大的破坏性地震尚未发现。主要海岭地震带有:①大西洋中脊地震带;②北冰洋海岭地震带;③印度洋海岭地震带;④东太平洋中隆地震带。

(4)大陆裂谷系地震活动带。

3.2.2 我国的地震分布

我们生活的城市过去发生的地震多不多?大不大?这是人们关心的问题。我国悠久的地震历史记载,给我们留下来宝贵的材料。我国各省、市、自治区地震的分布是很不平衡的,表3.1是1990年版的《中国地震烈度区划图》的地震区、带划分方案及各地震区内地震发生次数的统计。

表3.1 中国地震区、带划分(各级地震数只统计国内的)

地震区		地震带名称	各级地震数					
序号	名称		4~4.9	5~5.9	6~6.9	7~7.9	>8	最大地震
1	东北地震区		5	18	5	0	0	$6\frac{3}{4}$
2	华北地震区	郯城-营口地震带	26	32	6	6	1	8.5
		华北平原地震带	40	64	22	5	1	8.0
		汾渭地震带	55	70	21	7	2	8.0
		河套-银川地震带	6	18	9	0	1	8.0
		带外	6	22	0	0	0	
		小计	132	224	65	18	5	
3	华中地震区	淮河地震带	13	34	8	0	0	$6\frac{1}{2}$
		长江中下游-南黄海地震带	28	34	14	1	0	7
		汉水地震带	14	31	3	0	0	$6\frac{3}{4}$

续上表

地震区		地震带名称	各级地震数					
序号	名称		4～4.9	5～5.9	6～6.9	7～7.9	>8	最大地震
3	华中地震区	带外	1	2	1	0	0	
		小计	56	101	26	1	0	
4	华南地震区	东南沿海外带	13	36	11	3	1	8.0
		东南沿海内带	18	31	4	0	0	$6\frac{3}{4}$
		右江地震带	16	24	1	0	0	$6\frac{1}{2}$
		雪峰-武夷地震带	16	14	0	0	0	$5\frac{3}{4}$
		带外	0	1	0	0	0	
		小计	63	106	16	3	1	
5	新疆地震区	阿尔泰-戈壁阿尔泰地震带	5	21	3	2	1	8.3
		北天山地震带	22	63	15	5	5	8.4
		南天山地震带	61	143	27	3	3	$8\frac{1}{4}$
		带外	4	13	0	0	0	
		小计	92	240	45	10	3	
6	青藏高原地震区	喜马拉雅山地震带	98	139	30	6	2	8.7
		那加山-阿拉干山地震带	未作统计					7.4
		怒江-萨尔温江地震带	27	112	33	5	0	7.6
		冈底斯-唐古拉山地震带	104	134	37	4	2	8.0
		可可西里-金沙江地震带	101	288	95	30	1	8.0
		柴达木地震带	79	147	43	23	4	8.5
		阿尔金-祁连山地震带	20	32	6	0	0	6.8
		西昆山地震带	76	83	22	6	0	7.4

续上表

地震区		地震带名称	各级地震数					
序号	名称		4～4.9	5～5.9	6～6.9	7～7.9	>8	最大地震
6	青藏高原地震区	带外	4	12		0	0	
		小计	509	947	266	74	9	
7	台湾地震区	台东地震带	157	250	106	31	2	8.0
		台西地震带	25	75	51	6	0	7.4
		钓鱼岛-赤尾屿地震带						7.7
		带外	未作统计					
		小计	182	325	157	37	2	
8	南海地震区					4		

从表中可以看出，各省、区的情况差别很大。台湾省位于环太平洋地震带上，西藏、新疆、云南、青海、四川（西部）等五个省、区部分位于喜马拉雅-地中海地震带上，或与之密切相关，因此是我国地震最多也最强烈的地区。尽管这些地方关于地震的记载大多比较晚，但仍记录了上千次的强烈地震。其中8级和8级以上的大地震达到8次，约占我国记载下来的这样大的地震总数的一半。

北京、河北、天津、山东、山西、陕西、甘肃、宁夏、河南及辽宁南部，这一位于阴山—燕山以南，祁连山—秦岭以北的地区，也是一个地震活动比较强烈的地区，虽然比前面那6个省、区差得较多，但震级很高的地震，如8级和8级以上的大地震也记录过8次，7级左右的也不算太少。不过这个区域内的情况各处也不一样，如河南省地震就发生得比较少，也比较小，辽宁南部在历史上也很少有强烈地震。在一个省的内部也不是到处都会有强烈地震发生，往往是在一定的地带内出现。如山西省的地震，集中分布在从南部的汾河、涞水河两侧，以近于北北东的方向延伸到晋东北大同、灵丘这一狭长地带；陕西省的地震主要发生在渭河平原一带；宁夏回族自治区的地震集中在贺兰山、六盘山山前，包括银川平原一带，甘肃省主要是祁连山北边及东南部靠近龙门山和秦岭的地带；河北省(以及京津地区)则主要是太行山和燕山山前的地带。从辽宁海城至山东临沂、郯城这一狭长地带，还有鲁西菏泽一带，也是发生过大地震的场所。总的说来，在一个省区内部，发生过强烈地震的地方，仍是局部的。从时间上来看，也是地震平息的时期长，经常出现强烈地震的时期短，如陕西省在 1556 年发生过一次大地震后，一直地震不多也不强烈。

内蒙、吉林、黑龙江和辽宁北部，历史上的地震都是比较少的，本世纪以来，吉林、黑龙江虽然记录到了不少较大的地震，但它们的震源都很深，达到 500 km 以上，因此在地面没有产生什么影响。

在秦岭、淮河以南，包括四川盆地、贵州、广西和江苏、浙江、江西、福建、广东、湖南、湖北以及安徽，总的说来地震次数少，也不强烈。但广东省及福建省南部沿海是个例外，强烈地震多次在这一带发生，还出现过一次 8 级大地震。再往南去，广东省所属的南沙群岛、中沙群岛、东沙群岛及其附近海域中，也多次记录到 5 级以上的地震。至于广东省的西沙群岛则地震较少，也较弱。

历史上强烈地震较少的地区是不是就没有危险了呢？这有两种情况，一是那里缺少发生大地震的地质条件，因此过去没有发生过大地震，今后也可能不会发生；再一种情况则是过去记载不全，或者过去虽未发生大地震，但从地质条件上来看，还有发生大地震的可能，这就需要注意了。此外还应看到，某些地区虽无发生大地震的可能，但发生 5 级以上具有破坏性的地震，还是有可能的。在人口密集，房屋毗邻，工业集中的情况下，如果麻痹大意，仍能造成相当大的危害。因此即使是历史地震记载不多的地区，也应重视地震工作，以预防为主。

图 3.3 是我国的地震带分布情况。

我国主要地震带的分布地区：

1.东南台湾和福建沿海一带

2.华北太行山沿线和京津唐渤地区

3.西南青藏高原、云南和四川

4.西北新疆和陕甘宁部分地区

图 3.3　中国的地震带

第4章 地震灾害

4.1 地震灾害统计

4.1.1 全球范围内大地震统计

世界上8级以上的大地震，由于震级计算的结果不同，有多种统计结果，这里引用的是其中的一种。从1904年开始，到2009年为止的100多年来，全世界大约发生8级以上大地震86次，其中发生在我国境内的有8次，约占总数的十分之一。这些8级以上的大地震见表4.1。

表4.1 20世纪以来世界上8级以上大地震统计结果

地震日期	震中位置	震级
1904年6月25日 (14时46分)	太平洋西北边缘勘察加半岛	8.0
1904年6月25日 (21时01分)	太平洋西北边缘勘察加半岛	8.1
1905年4月4日	中亚克什米尔	8.0
1905年6月9日	蒙古西北部	8.3
1905年7月23日	蒙古西北部	8.3
1906年1月21日	太平洋西部边缘日本横滨南海中	8.0
1906年1月31日	太平洋东部边缘厄瓜多尔-哥伦比亚边界附近海中	8.6
1906年4月18日	太平洋东北岸美国旧金山	8.3
1906年8月17日	太平洋北部边缘阿留神群岛南	8.0
1906年8月17日	智利	8.4
1906年9月14日	太平洋西南边缘所罗门海	8.1
1906年12月23日	我国新疆维吾尔自治区玛纳斯西南	8.0
1907年4月15日	太平洋东岸墨西哥南部	8.1

续上表

地震日期	震中位置	震级
1907年10月21日	中亚塔吉克	8.0
1910年6月16日	太平洋西南边缘新赫布里底群岛南	8.1
1911年1月3日	中亚阿拉木图	8.4
1911年6月15日	太平洋西部边缘琉球群岛北	8.2
1912年5月23日	缅甸	8.0
1914年11月24日	太平洋西南马里亚纳群岛北	8.1
1917年5月1日	太平洋西南克马德克群岛北	8.0
1917年6月26日	太平洋西南萨摩亚群岛南	8.3
1918年8月15日	太平洋西南边缘苏拉威西海	8.3
1918年9月7日	太平洋西北边缘千岛群岛东南	8.3
1919年1月1日	太平洋西南汤加群岛北	7.8～8.0
1919年4月30日	太平洋西南汤加群岛北	8.3
1920年6月5日	太平洋西部边缘我国台湾省花莲东南海中	8.0
1920年9月20日	太平洋西南边缘新赫布里底群岛南	8.0
1920年12月16日	我国宁夏回族自治区海原	8.5
1922年11月11日	太平洋东南岸智利中部	8.3
1923年2月3日	太平洋北部边缘阿留申群岛西	8.3
1923年9月1日	太平洋西部边缘日本东京南边海中	8.2
1924年4月14日	太平洋西部边缘菲律宾东南海中	8.3
1927年5月23日	我国甘肃省古浪	8.0
1928年12月1日	太平洋东南岸智利南部	8.0
1929年3月7日	太平洋北部边缘阿留申群岛东	8.1
1931年8月11日	我国新疆维吾尔自治区富蕴附近	8.0
1932年5月14日	太平洋西南边缘马鲁古海峡	8.0
1932年6月3日	太平洋东岸墨西哥南部	8.1
1933年3月2日	太平洋西部边缘日本三陆东边海中	8.5
1934年1月15日	印度、尼泊尔边界附近	8.3

续上表

地震日期	震中位置	震级
1934年7月18日	太平洋西南边缘圣克鲁斯岛附近	8.2
1938年2月1日	太平洋西部边缘班达海	8.2
1938年11月10日	太平洋北部边缘阿拉斯加南	8.3
1939年4月30日	太平洋西南边缘所罗门群岛	8.0
1939年12月21日	太平洋西南边缘马鲁古海峡	8.0
1939年12月26日	土耳其	8.0
1940年5月24日	太平洋东岸秘鲁	8.0
1941年6月26日	安达曼群岛	8.1
1941年11月25日	地中海西西里岛西边	8.3
1942年8月24日	太平洋东部边缘秘鲁附近海中	8.1
1944年12月7日	日本	8.0
1945年11月27日	巴基斯坦	8.3
1946年8月4日	小安得列斯群岛	8.1
1946年12月20日	太平洋西部边缘日本南	8.2
1948年1月24日	菲律宾中部	8.2
1949年8月22日	太平洋东北边缘夏洛特群岛西	8.1
1950年8月15日	我国西藏自治区察隅附近	8.5
1950年12月9日	太平洋东岸阿根廷北部	8.0
1950年12月14日	太平洋西南部西萨摩亚岛南	8.0
1951年11月18日	我国西藏自治区当雄附近	8.0
1952年3月4日	太平洋西北边缘日本海道南	8.3
1952年11月4日	太平洋西北边缘勘察加半岛南	8.3
1953年11月25日	太平洋西北边缘日本北海道	8.1
1957年3月9日	太平洋北部边缘阿留申群岛	8.2
1957年12月4日	蒙古西南部	8.1
1958年7月10日	太平洋北岸阿拉斯加半岛	8.0

续上表

地震日期	震中位置	震级
1958年11月6日	太平洋西北边缘千岛群岛南部	8.1
1959年5月4日	太平洋西北边缘勘察加半岛南	8.0
1960年5月21日	太平洋东岸智利南部	8.0
1960年5月22日(18时55分)	太平洋东岸智利南部	8.0
1960年5月22日(19时11分)	太平洋东岸智利南部	8.3～8.9
1964年3月28日	太平洋北岸阿拉斯加半岛	8.4
1965年2月4日	太平洋北部边缘阿留申群岛西南	8.2
1968年5月16日	太平洋西部边缘日本本州岛东北海中	8.0
1969年2月28日	葡萄牙西边海中	8.0
1971年1月10日	太平洋西部伊里安岛	8.0
1972年1月25日	我国台湾省东边海中	8.0
1972年6月11日	太平洋西南边缘马鲁古海峡	8.0
1972年7月30日	太平洋北部边缘阿拉斯加湾	8.0
1974年10月3日	太平洋东南边缘秘鲁西边海中	8.0
1975年5月26日	北大西洋	8.2
1977年8月19日	松巴哇岛	8.1
1985年9月19日	距墨西哥城约400 km的海域	8.1
2004年12月26日	印尼苏门答腊岛附近海域	8.9
2005年3月28日	印尼苏门答腊岛附近海域	8.7
2008年5月12日	我国四川省汶川县	8.0

注:表内地震日期,我国境内的按北京时间,其他均按国际标准时间。

从表4.1中可以看出,发生在环太平洋地震带的共约61次,约占其总数的71%。这些大地震大多数都是发生在海洋中或人烟稀少的地方,所以震级虽高,并未造成严重损失。但也有发生在大城市附近的,这时造成的损失就很大了。

4.1.2　我国历史上大地震统计

我国是个多地震国家，对于我国的地震灾害，有一个“4、3、2”的说法，即我国占全球约 1/4 的人口承受了约 1/3 的大陆地震和约 1/2 的地震死亡人数。20 世纪世界各国强震导致死亡人数总共约为 101 万人，其中发生在中国仅两次地震引起死亡就达 44.2 万。20 世纪 70 年代，是世界上地震灾害较大的 10 年。这 10 年中，全世界死于地震灾害的总人数达 41.29 万人，而中国占 63.7％。地震造成伤残的总人数为 38.8 万人，中国占 56％强。

根据现有资料，我国历史上 8 级以上地震就有 18 次，见表4.2。

表 4.2　我国历史上 8 级以上地震统计

地震日期	震中位置			震级
	北纬	东经	地区	
1303 年 9 月 17 日（元大德七年八月六日）	36.3°	111.7°	山西省洪洞、赵城	8
1556 年 1 月 23 日（明嘉靖三十四年十二月十二日）	34.5°	109.7°	陕西省华县	8
1604 年 12 月 29 日（明万历三十二年十一月九日）	25.0°	119.5°	福建省泉州海外	8
1668 年 7 月 25 日（清康熙七年六月十七日）	35.3°	118.6°	山东省莒县、郯城	8.5
1679 年 9 月 2 日（清康熙十八年七月二十八日）	40.0°	117.0°	河北省三河、平谷	8
1695 年 5 月 18 日（清康熙三十四年四月六日）	36.0°	111.5°	山西省临汾、襄陵	8
1739 年 1 月 3 日（清乾隆三年十一月二十四日）	38.9°	106.5°	宁夏回族自治区平罗、银川	8
1833 年 9 月 6 日（清道光十三年七月二十三日）	25.2°	103.0°	云南省嵩明杨林	8
1902 年 8 月 22 日（清光绪二十八年七月十九日）	39.5°	76.0°	新疆维吾尔自治区阿图什附近	$8\frac{1}{4}$

续上表

地震日期	震中位置			震级
	北纬	东经	地区	
1906 年 12 月 23 日（清光绪三十二年十一月八日）	44.0°	85.8°	新疆维吾尔自治区玛纳斯西南	8
1920 年 6 月 5 日	23.5°	122.0°	台湾省花莲东南海中	8
1920 年 12 月 16 日	36.5°	105.7°	宁夏回族自治区海原	8
1927 年 5 月 23 日	37.6°	102.6°	甘肃省古浪	8
1931 年 8 月 11 日	47.1°	89.8°	新疆维吾尔自治区富蕴附近	8
1950 年 8 月 15 日	28.4°	96.7°	西藏自治区察隅附近	8.5
1951 年 11 月 18 日	31.1°	91.4°	西藏自治区当雄附近	8
1972 年 1 月 25 日	23.0°	122.2°	台湾省东边海中	8
2008 年 5 月 12 日	31.0°	103.4°	四川省汶川县	8

必须指出，尽管我国地震记载历史悠久，资料丰富，但由于幅员辽阔，各地情况不一，地震记载详略不同。即使在中原地区，历史早期的地震记载也是少而不详。因此，实际上我国发生过的 8 级以上大地震，可能比现有的记载要多。

4.1.3　我国城市地震灾害统计

在震害史料中，作为人口集中、经济发达、在人类文明史发展中占有主导地位的城市，其震害同样占有主导的地位。据不完全统计，自公元前 227 年希腊罗得城受到大震袭击致使“城毁”、“太阳神巨象倒塌”的严重震害以来，至 1980 年，除中国以外全世界约有 20 余座城市毁于地震(表 4.3)，其中 1755 年 11 月 1 日葡萄牙的里斯本，1812 年 3 月 26 日委瑞内拉的加拉加斯，1868 年 8 月 8 日秘鲁的里亚加港，1906 年 4 月 18 日美国旧金山市，1908 年 12 月 28 日意大利的墨西拿，1923 年 9 月 1 日日本的东京、横滨，1960 年 2 月 29 日摩洛哥的阿加迪尔，1972 年 12 月 23 日尼加拉瓜的马拉瓜，1978 年 9 月 16 日伊朗的塔巴斯，1980 年 10 月 10 日阿尔及利亚的阿斯南等大城市，地震死亡人数都达万余人以上。

表 4.3 历史上被地震毁灭的城市简表

城市名称	所属国	时间	损失
罗得	希腊	约公元前 227 年	城毁,太阳神巨像坍塌
阿芙罗狄蒂斯	土耳其	约四世纪	爱神之城从此湮没
亚历山大	埃及	1375 年	部分城区及小岛沉陷入海,灯塔消失
华县、潼关	中国	1556.1.23	关中大破坏,死 83 万人
罗亚尔港	牙买加	1692.6.7	城市沉陷海中
里斯本	葡萄牙	1755.11.1	欧洲最大地震,死 6 万人
加拉加斯	委内瑞拉	1812.3.26	城毁,压死 1 万人
瓦尔帕莱索	智利	1822.11.19	城毁,死数千人
康塞普西翁	智利	1835.2.20	被海啸吞噬,曾 3 次震毁
西昌	中国	1850.9.12	7.5 级,城毁,死 2.6 万人
亚里加港	秘鲁	1868.8.8	海啸,98%居民遇难,死 2 万人
名古屋	日本	1891.10.28	岐阜等城亦毁,死 7000 多人
高哈蒂	印度	1897.6.12	阿萨姆邦大地震,毁许多城市
旧金山	美国	1906.4.18	8.3 级,火烧 3 日夜,共死 6 万多人
墨西拿	意大利	1908.12.28	7.2 级,毁于海啸,共死 8.5 万人
阿拉木图	前苏联	1911.1.3	本城历史上两次毁于地震
海原	中国	1920.12.16	8.5 级,包括其他地区共死 20 万人
东京,横滨	日本	1923.9.1	8.3 级,震后大火,海啸,共死 14.2 万人
阿加迪尔	摩洛哥	1960.2.29	全城一半居民遇难,死 1.6 万人
蒙特港	智利	1960.5.22	8.5 级,世界纪录到的最大地震
斯科普里	南斯拉夫	1963.7.26	6.0 级,死千余人
安科雷奇	美国	1964.3.28	8.4 级,城毁,死 117 人
马拉瓜	尼加拉瓜	1972.12.23	6.2 级,城毁,死万余人
唐山	中国	1976.7.28	7.8 级,京津冀共死 24.2 万人
塔巴斯	伊朗	1978.9.16	7.4 级,80%居民遇难,死 1.1 万人
阿斯南	阿尔及利亚	1980.10.10	7.7 级,死 2 万多人

在中国震害史料中，自公元前70年以来，根据有据可查的资料，7级以上强烈地震吞噬了我国30余个州、县以上的都市（表4.4），其中震亡万余人的城市地震有1718年6月19日通渭，1739年1月3日平罗和银川，1850年9月12日西昌，1920年12月16日海原，1976年7月28日唐山、丰南、宁河，2008年5月12日汶川、北川等。此外，就全国范围而言，遭受到烈度达7度（烈度的概念见第6章）以上中强破坏程度的大中城市近20余座，其中省一级大城市14座。北京、西安、银川、兰州、昆明等达8度以上较严重破坏。在近40年间，我国城市震害更为明显。在我国大陆地区曾经先后发生强烈破坏性地震11次，其中9次发生在农村，仅1975海城7.3级地震和1976年唐山7.8级地震发生在城市辖区范围。若以11次地震的经济损失和人员伤亡各为100%计，则海城地震造成的经济损失和人员伤亡分别占15%和0.8%，唐山地震造成的经济损失和人员伤亡分别占70%和90%。两次地震总的经济损失和人员伤亡85%和90.8 %。因此随着社会发展，地震的严重灾难越来越趋向于大中城市。

表4.4 中国县郡以上城市震害史料表

发震时间	被毁城市	面波震级（烈度）	震害概况
公元前70.6.1	山东诸城、昌乐	7(9)	坏宗庙城郭、死6 000余人
公元180秋	甘肃高台	7.5(10)	县易处、更筑城郭
692春	山东惠民		厌次（今惠民东南）地震，城陷
734.3.19	甘肃天水	7(9)	癖宇庐舍崩坏殆尽
1038.1.9	山西定襄，沂县	7.5(10)	坏城郭，庐舍，地裂涌水压死官民32 000余人
1057	北京	$6\frac{3}{4}$(9)	幽州大坏城郭，复压死数万人
1125.8.30	兰州	7(9)	兰州六城城坏，仓库皆没，陷数百家
1303.9.17	洪洞、赵城、霍州	8(11)	郇堡徒十余里，居民庐舍皆催压倾塌、玉石俱焚，民居、官舍、震撼催压荡然无存

续上表

发震时间	被毁城市	面波震级(烈度)	震害概况
1352.4.18	甘肃会宁	7(9)	城郭颓废,陷没庐舍,有不见迹者
1500.1.4	宜良	$6\frac{3}{4}$(9)	县城倾塌,民房摇倒几尽,伤死无数
1501.1.19	朝邑	7(9)	摇倒城垣楼撸,塌各衙门,仓监民房5 400余间
1515.6.17	鹤庆	7(9)	官民庐舍倾塌殆尽
1556.1.23	华县、渭南、华阴	8(11)	城池庙宇,民舍倾塌殆尽,无尺堵竖山川移易
1600.9.29	南澳	7(9)	城垣衙署,民舍倾塌殆尽,压死人无数
1605.7.13	琼山、文昌	7.5(10)	塔颓,桥崩坏,祠庙、公署、民房倒塌殆尽
1626.6.28	灵丘	7(9)	城关尽塌,衙舍民房俱倒
1652.7.13	云南弥渡	$6\frac{3}{4}$(9)	官民居瓦片不存,压死3 000余
1668.7.25	莒县、郯城	8.5(12)	周围万余里无一存屋
1679.9.2	三河、平谷	8(11)	城郭村庄、房屋、塔庙荡然一空
1695.5.18	临汾	8(10)	城垣,衙署,庙宇,阁,塔,亭,楼,碑,渠,仓库,民居尽行倒塌,死数万
1709.10.14	中卫	7.5(9～10)	城垣崩塌十之八九,楼垣尽塌,压死2 000余人
1718.6.19	通渭	7.5(10)	官居民舍尽覆,城乡死40 000人有余
1739.1.3	平罗、银川	8(11)	三县房舍倒塌无存,压死官民50 000人
1786.6.1	康定	7.5(10)	城垣全行倒塌,不存一雉
1830.6.12	磁县	7.5(10)	衙署,民房,祠庙坍塌十之八九,压死5 485人
1833.9.6	嵩明、杨林	8(11)	城垣倒塌过半,杨林庙宇民房几乎全倒尽

续上表

发震时间	被毁城市	面波震级(烈度)	震害概况
1850. 9. 12	西昌	7. 5(10)	满城房屋大多倒塌,不辨街巷,死毙 20 650 余
1870. 4. 11	巴塘	7. 5(10)	90%以上藏式结构及石墙房屋倒塌
1918. 2. 13	南沃	7. 3	房屋倒塌为平地,死伤十之八
1920. 12. 16	海原	8. 5(12)	全城房屋荡平,死 73 027
1923. 3. 24	炉霍	7. 3	城乡 200 里内烟炊断绝
1925. 3. 16	大理	7	城乡及下关四面城塌,东北城楼毁无遗
1927. 5. 23	古浪	8(11)	建筑全部倒塌,死 4 000 余人
1933. 8. 25	叠溪	7. 5(10)	全城及周围 60 余城镇、村寨全部覆灭
1973. 2. 6	炉霍	7. 6(10)	城关 84%藏房倒塌,Ⅱ类房倒 74%,全县毁
1975. 2. 4	海城	7. 3	全部倒塌占 46. 4%,破坏 32. 2%
1976. 7. 28	唐山、丰南、宁河	7. 8(11)	全毁,死亡 24. 2 万人,倒塌 90%
2008. 5. 12	汶川、北川	8. 0(11)	城毁,死亡近 7 万人

4. 2 地震灾害特点

地震是一种突发性的自然灾害,不仅会导致大量人员伤亡,而且将导致人类赖以生存环境的破坏。在各种自然灾害中,地震灾害之所以特别受到人们的关注,主要是作为灾害源的地震具有以下特点。

4. 2. 1 破 坏 性

地震释放的能量确实很大,但是单以能量来看,台风和火山喷发等的能量也不比地震小。尽管如此,大地震却隐藏着可能给社会以毁灭性打击的破坏力。这种差异归根结底可能是由于能量性质的不同。

建筑结构所用材料大部分为混凝土，它的力学性质与基岩的力学性质十分相近，所以地震波能量就很容易由所在场地流入建筑物中，从而导致结构破坏。而当混凝土与空气相接触时，情况就大不一样了，因为空气的力学性质与混凝土有很大差异，这也是由同样能量的台风造成的结构破坏没有地震造成的破坏更严重的原因之一吧。在考虑机械的效率时，常认为能量转换效率越高越好，但是发生地震时的情况则相反，因为地震波能量转换效率越高时对建筑物的破坏作用就变得越大。

4.2.2 范围的宽广性

较大的地震，其震源尺度可达 100 km 数量级。由于在这么大范围的区域里一瞬间发生了断层破坏，于是立刻就在几倍大的区域里引起强烈的震动。虽然台风的受灾区也相当大，但是有时间差，而地震最多也只是几十秒间的事件。更加困难的是由于在很大的区域内都遭受到破坏，所以救援和恢复都不太容易。它的危害程度就成几何级数增大。

4.2.3 复合性

火灾、山崩、洪水、交通混乱或者经济恐慌。这些都是一个一个的灾害，但是，在地震发生的情况下，这些灾害将会连锁发生。一个大地震发生后房屋倒塌、发生火灾，如果地震发生在海底的话还会引起海啸，交通中断，社会将陷入经济混乱和经济恐慌中。对于地震时的复合灾害必须要有思想准备。

4.2.4 突发性

往往不知道地震什么时候发生，所以没有时间来采取应急对策，这是最大的限制。不仅如此，遭受到意想不到的强烈震动时，由于心理上的紧张，可能会招致本来可以不发生的灾害。这也是地震灾害的一个特点。

4.3 地震灾害种类

地震波引起的地面强烈震动，造成建筑物倒塌或某些自然物崩塌或大的位移,并由此危机人身安全和带来经济损失,这是地震造成灾害的最主要、最常见的现象。对地震灾害进行分析可以发现,地震灾害主要表现在以下三个方面,即地表破坏、建筑物破坏和因地震而引发的各种次生灾害。

4.3.1 地表破坏

强烈地震容易引发地裂缝、喷砂冒水,滑坡塌方等地表震坏现象。

地震引起的地裂缝主要有两种:一种是强烈地震时由于地下断层的错动使地面的岩层发生错移而形成的地面断裂;另一种是在古河道、河堤岸边、陡坡等土质松软地方发生交错裂缝,大小形状不一,规模也较前一种小。图 4.1 为地裂缝照片。地裂缝发生之处破坏甚强,已知西安、大同、邯郸、泰安、韩城、南阳、榆次、临汾等市,于 1959~1983 年分别出现地裂缝;出现在诸如大荔、肥城、泗水、舞阳、泾阳等城镇和工厂区的地裂缝就更多。它们穿越厂房民居、横切地下洞室路基,造成市内建筑物损坏、机器停转、道路变形、管道破裂,危机城市建设与人民生活,它们破坏堤坝水渠,使民房窑洞坍塌、农田开裂漏水,造成农业减产,直接影响工农业生产,成为名副其实的地质灾害。已知地裂缝造成的工农业经济损失仅大同一市就达 6.3 亿元,西安逾 16.9 亿元,河南省约 6.2 亿元,山

图 4.1 地裂缝照片

东每年损失 2 000 万元。据综合估算,全国地裂缝累积造成的经济损失约 91.3 亿元。

地震时引起喷砂冒水的现象一般发生在地下水位较高、砂层埋藏较浅的地区。经过强烈地震波的震动作用,含水土层将发生挤压并液化,地下水往往从地裂缝或土质松软的地方冒出地面,在有砂层的地方便会出现喷砂冒水的破坏现象。图 4.2 为喷砂冒水照片。

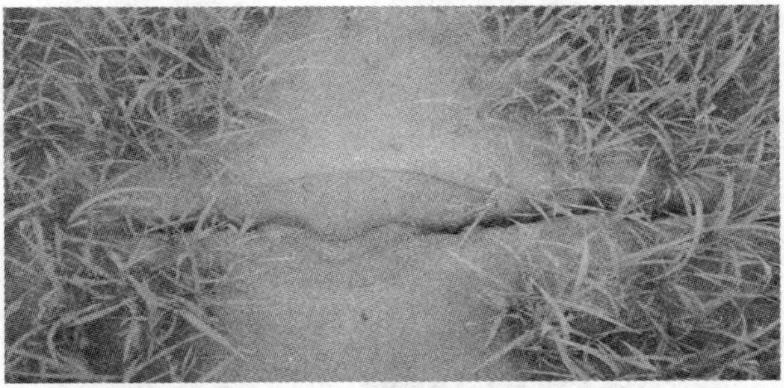

图 4.2 喷砂冒水照片(汶川地震郫县农田地面沙土液化)

地震时引发的滑坡塌方常发生在山区和丘陵。在强烈的地震作用下,往往会出现陡崖失稳引起的崩塌、山石滚落、陡坡移位等现象。

图 4.3 滑坡塌方照片

4.3.2　建筑物与构筑物的破坏

地震时造成的建筑物、构筑物的破坏主要包括：对建筑物本身的破坏（楼房、平房、窑洞倒塌等），对交通设施的破坏（铁轨移位、车辆翻倒、码头严重破坏、桥梁折断等），造成大量人畜伤亡等等。在地震造成的所有灾害中，最常见、最普遍的是各种建筑物的破坏，而人畜的各种伤亡大部分也是由此而造成的。地震造成的建筑物和构筑物的破坏照片见图 4.4。

(a)建筑物破坏照片（都江堰市华夏广场小区，底部两层整体倒塌，上部下坐，五层变成三层）

(b)建筑物破坏照片（北川县某框架结构建筑，房屋整体倒塌）

图 4.4　地震造成的建筑物和构筑物的破坏(a)、(b)

(c)交通设施的破坏照片

(d)地震导致的铁轨变形

图 4.4　地震造成的建筑物和构筑物的破坏(c)、(d)

4.3.3　地震的次生灾害

火灾:根据世界地震历史资料,火灾在地震的次生灾害中所造成的损失,比例是很大的。

1923 年 9 月 1 日,日本关东发生了大地震,有人认为这是 20 世纪以来最大的一场自然灾害。据计算,损失财富总值大约相当于现在的美元300多亿。死亡和失踪14万多人,伤10万人,为什么损失如此之大呢?因为这次地震发生在日本工业和人口最集中的地区——东京和横滨,东京距震中不到100 km,横滨则仅距震中60 km多。以上两地不仅距离震中很近,同时还由于建设这些城市时,没有充分考虑到地震的危害,缺少防震措施。在横滨,地震使五分之一的房屋倒塌,同时有208处起火。东京火灾更为严重,房子烧掉三分之二,地震后半小时,有136处起火,风助火势,化学药品及油类等易燃物资越烧越旺,由于许多房屋是木建的,就特别易于着火。更严重的是许多街道又小又窄,当火灾发生后,救火车开不进去。即使救火车开进去,也是无用的,因为自来水管都被震坏了,水源断绝。眼看着大火蔓延,无法制止。这次地震毁坏的57万多所房屋中,有44万多所就是被火烧掉的。而那些拥挤在街头和广场的灾民被大火层层包围,无法逃生,伤亡惨重。死亡的人中有56 000多人是被大火烧死的。1906年美国旧金山8.3级大地震,由于烟囱倒塌和堵塞以及火炉翻倒,全市50多处起火,水管震裂,供水停止,致大火燃烧三天三夜,使相当于10 km^2的市区,几乎全部烧光。造成的经济损失约40亿美元,死亡近千人。1964年日本新潟7.5级地震也是由于油库着火,十余日不熄,损失巨大。

海啸:海啸主要发生在沿海地区,是海震的主要次生灾害。1960年5月22日15时11分,世界震级最高纪录的智利8.9级大地震发生了,这次地震所释放的能量相当于10万颗美国1945年8月投掷到日本广岛的那种原子弹的能量,地震引起了罕见的海啸。这次地震产生的海啸异常凶猛,它以每小时800 km的速度在海上推进,数小时后就横扫了位于太平洋中部景色秀丽、风光迷人的夏威夷群岛,摧毁了美国在该岛的重要战略要塞——珍珠港,20小时后又袭击了日本濒临太平洋的沿海地带,造成数万人的伤亡,舰船和港口设施受到严重的破坏。

地震海啸与一般由飓风引起的海浪不同,它是由发生在海里

图4.5 火灾照片(日本关东大地震)

的地震——海底地震引起的。当海底发生强烈地震时,由于海底地形急速而剧烈地升降变化,这样就引起海水急剧地大幅度地升降变化。海水先是猛然向着变得低洼的地方涌去,然后再翻回海面,从而形成一种特别长大的波浪。当这样的海浪即海啸在开阔的深水大洋中运行时,速度特别快。像智利地震引起的海啸到达夏威夷群岛时,时速高达近千千米,在到达日本列岛时,时速仍达700 km。但由于海啸的波长很长,所以行驶在海洋上的船只几乎不受影响。只有当海啸传播到陆地时,由于陆地的阻挡,使一阵一阵远来的海浪拥挤叠加在一起,这就形成了高达数十米的巨浪冲向陆地。

另外,海啸只有在深海沟的地方形成和传播,如果海水很浅或濒临海洋的大陆前面有很宽的大陆架或大陆斜坡,就不易产生海啸,而且海啸也无法袭击陆地。因为浅海区不可能因海底地形的突变产生数十米的海水升降变化;当远处的海啸袭来时,巨浪也会在浅海区把能量消耗殆尽，等它到达陆地时，已成为强弩之末。像我国辽阔的海疆都是宽广的大陆架，海水较浅，所以不会产生海啸，像智利这次的地震海啸也不可能袭击我国沿海。

瘟疫：1556 年华县地震时，瘟疫或流行性疾病曾夺去数以 10 万计未被地震压塌而死的灾民的性命，可见瘟疫这种次生灾害也是极为可怕的。瘟疫的产生完全是由地震压塌的人、畜、禽的尸体腐烂、细菌蔓延引起的。一场强烈地震后，要赶快清除和深埋人畜家禽的尸体，采取有效的消毒灭菌措施，防止瘟疫的滋生和蔓延。

水灾：地震如使水库的坝体开裂倒毁或使大河的堤坝决裂，都会造成水灾。1933 年 8 月 25 日我国四川叠溪（原属茂县）发生 7.5级地震。叠溪座落在成都之北、岷江上游东岸的一个阶地上。地震后，周围山峰崩颓，坠落的土石堵塞在岷江中形成了三条大坝，坝高均在百米以上，江水断流 40 多天。在这 40 多天中，水在大坝后面形成了 3 个“堰塞湖”。湖水越壅越高，终于在 10 月 9 日下午 7 时，前面那条大坝被冲开了，湖水溃决，犹如晴天霹雳，轰然一声，洪水排山倒海而下。两个钟头后到了茂县，第二天凌晨三时到了灌县，使这个远离地震中心 100 多千米的地方也受到了灾祸。据不完全统计，光是灌县被冲毁的良田就达 9 千多亩，死亡 1 600 多人。它所造成的人畜伤亡和财产损失比地震当时还要大。

1959 年美国蒙塔那州赫布根湖地震，山脊坍塌，土石崩垮，在马迪孙河形成了一个湖，湖面逐渐扩大，淹没了附近的公路、村庄、森林等等。1971 年美国洛杉矶发生 6.6 级地震，这个城市的最大水坝受震后发生裂隙，迫使下游 8 万居民迁移。

此外，地裂、泥石流、地面塌陷、有毒液体和气体的外溢泄漏、地面变形等等也都是地震的次生灾害，它们都可能致人死伤、破坏建筑物、破坏交通运输，毁坏耕地农田等。

强烈地震发生后，常常诱发一连串次生灾害，这种现象叫灾害链。有些地震带来的惨重损失，并不都是地震的直接灾害造成的，而是次生灾害所至。因此，对地震引起的次生灾害切勿等闲视之，而应积极防御。

4.4 地震致灾流程图

下面我们来考察地震灾害的产生和扩展过程。关于地震的灾害因素和受灾单元各包含哪些内容，以及它们之间的关联等问题，早已有过各种各样的分析。我们不妨作如下假定：

$$[\text{地震破坏}]=f[\text{地震的输入,地区特性}]$$

并设地震破坏有 m 种($y_i, i=1,2,\cdots,m$)，地区特性同样有 m 种($x_i, i=1,2,\cdots,m$)，以及该地区遭受的地震动的强度 S，然后建立了[S, x_i, y_i]的关系式。图 4.6 是其中的一部分。图中给出了现实可能的受灾系列。记号 x_i 和 y_i 的意义如上所述。该图用图解的方式表示出从地震动 S 输入开始，按照地区特性接连不断地诱发出各种事件的过程，以及各种事件之间的相互关系。其目的是通过整理多次事例，将各种因果关系总结成经验公式，然后用来进行灾害预测。在现实的灾害中，相邻地区会互相干扰，所以实际情况将更加复杂。但是如果把现象的机理进行简化，能够找到使灾害递增的因素，那么对于建立防止复合灾害的有效对策将是十分有用的。

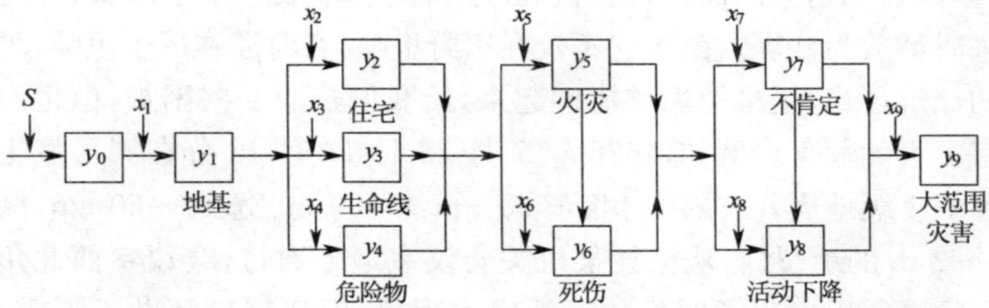

图 4.6 现实可能的受灾系列

第 5 章　地震伴生现象

5.1　喷沙冒水

翻一下我国的历史记载，就会发现地震时出现喷沙冒水的现象是非常多的，至今也是如此，1966 年邢台地震、1975 年海城地震和 1976 年唐山地震时尤为显著。这些沙和水一般是从地裂缝或孔隙中喷出来，也有从原来的水井和池塘中喷出的。喷沙口的形状多种多样，因地而异，一般说来裂隙形和圆形、椭圆形的比较多。圆形或椭圆形喷沙口的直径大小不一，如 1973 年 2 月 6 日四川炉霍 7.9 级大地震时出现的一个喷沙口，直径达 2.7 m。

喷沙现象主要出现在平原地区，特别是河流两岸最低平的地方，在地震发生时，它们从一个个孔隙中喷出。这些喷口开头还少，后来逐渐增多，并沿一定方向成线状分布。强烈震动过去后还可持续喷出一段时间，几十分钟或再长一点时间就停止了。不过尽管时间不长，喷出的东西确是不少，象沙子有时能堆到一二米厚，掩盖相当大的面积，还可以在喷口周围堆成一个个沙锥，连起来时就成为沙堤。由于它不仅在田野里喷，有时还在屋子里喷，堆的比炕还高，把桌椅板凳掩埋起来，给我们造成一些困难，但也没有更大的危害。例如，1976 年 7 月 28 日 18 时 45 分在滦县发生了 7.1 级地震，一条走向北东 65°、长约 500 m、宽 10～60 cm、深 1～2 m 的地裂缝，从滦县某机关会议室地下通过，会议室西北角一间屋子里出现了明显的喷沙冒水现象，但房屋破坏并不严重。这些沙有时是白色的，有时是黑色，间或也有其他颜色。一般很细，总是和水混在一起喷出，看起来就象水有了颜色，还常常带有臭气，给人以异样的感觉，其实也不过是沙和水而已，没有什么可怪的。

地下喷水，在地震前后都有可能发生，不过往往在强烈地震发生时更为显著。1975年海城地震时，一个水坑表面的冰层突然开裂，接着向外喷水，达到一丈多高。至于地震时平地涌泉，井水激荡，甚至溢出、射出井外等现象，历来就有大量记载。一般在地震后，异常的喷水现象逐渐停止，但有时也有些新涌的泉眼从此滔滔不绝，成为一个可以利用的源泉。

地震时为什么会喷沙冒水呢？一是地震时产生的地裂缝给地下的沙和水开辟了喷出来的通道，喷沙冒水的孔隙总是沿地裂缝带分布，与地裂缝方向基本一致，证明着这一点；二是地下的压力推动着沙和水喷出，这个压力在地震时变得特别大；第三，归根到底还得地下有水有沙，没有物质来源就喷不出东西来。海城、唐山等地区的喷沙冒水都在平原、河滩等地，丘陵山区就没有这种现象。

地下的岩石土层中几乎到处都有水。地震时，由于这些岩石土层受到的压力加大，把藏在它们内部孔隙或裂隙里的水更多地挤了出来，因此涌水加剧的现象也就比较普遍了。特别是那些地势低洼，原来地下水位就很浅的地区，更为突出。水在地下的储存状况与那里地下的岩层分布及组合情况是相关的。地震时岩层发生的断裂错动，改变了这种状况，因而就会使某些地方的地下水急剧增加，另一些地方则突然减少，这也是地震时有些地方地下水突然大量涌出或突然干涸的一个重要原因。

至于地下的沙，范围则比较有限。不久前还是河流、海滨的地方，地下有过去堆积起来的细沙层，它们在地震时同水一起因强烈短促的震动而具有类似液体的性质，这就方便了它们从地下喷出。不过沙层如果埋藏太深，要喷出来仍是有困难的。一般多是从地下几米的深处喷出，来自十几米深的就比较少了。象河边海边以及河中的沙洲，这些存在着较厚的细沙层的地方，出现喷沙现象是比较多的。而在那种丘陵山区，因为地下是岩石，缺少沙土层，喷沙现象就不会发生了。

有些地区冬季土地封冻，那种没有完全冻结的地方就成为沙和水较易喷出的薄弱点，如果这里的地下沙土比较多又不很深的话，地震时就可能从此处喷出。在农村，室内经常烧火的坑头、灶头就是封冻不严的地方，所以地震时也可以从这里喷沙冒水。总之，喷沙冒水也是一种自然现象，它们的出现是有规律的、可知的，并没有什么可奇怪的。

5.2 地 光

由于地震活动而产生的发光现象，人们称之为地光。在临近地震的时刻，出现得比较多，震前和震后一段时间内有时也可以看见。

地光有多种颜色，蓝里发白，有点象电焊火光那种颜色的较多，红色、紫红色的也不少，其他如白色、黄色、橙色、绿色的都有。地光有时以笼罩大地的形式、范围很广地出现，如历史文献记载安徽霍山 1652 年 3 月 23 日 6 级地震时，颍上一带“红光遍邑，人畜皆惊”。1975 年海城地震时，人们也看到了顶部如圆弧形的地光，在黑夜中照亮了大地，有的地区持续了几十秒钟。还有的地光是以条带状的形式划过长空，如 1804 年 11 月 1 日五更天的时候，湖南沅陵的居民看到“红光如匹练，自西而东，没于地”，随后就发生了地震。在 1970 年通海地震和 1975 年海城地震时，人们都多次看到这种地光，有的一闪而过，有的稍微能稳定一段时间。象焰火一样升起的地光是一种奇特的现象，历史上有地震时“火光如炬”自地下升起的记载。1970 年通海地震时，人们看到约三四米高的火炬状地光，持续了约 10 分钟之久。1975 年海城地震时，还出现了由一连串红色火球犹如信号弹的升起。

能够看到地光的范围有时很广，1976 年 7 月 28 日唐山大地震时，距离震中大约 160 km 的北京也有人看到地光。地光的出现是不是有什么规律，我们现在还未搞清楚。不过经验告诉我们，地光的来临往往预告大地震很快就要发生了。

在历史上，地光的出现有过许多记载，但没有谈到它是否伤人。上世纪70年代我国的几次地震中则出现了一些有关地光伤人的事实，这很值得研究。

1975年海城7.3级地震时，有一些人被地光照射以后脸上皮肤火辣辣的，发红发紫，甚至龟裂、浮肿、起泡，仿佛火烧了似的，过了一些时候自己也就好了。1976年唐山7.8级地震时，震中附近地区还发现了地光使树木、蔬菜枯焦的现象，而且树叶上还出现了一些小孔，围绕着小孔还留下了一个个同心圆状的痕迹。

总的说来，地光伤人的现象是极为少见的。据震区群众反映：第一，那种笼罩大面积的地光并不伤人，伤人的是那种从地裂缝里刚刚迸射出来的地光，所以地光出现的范围虽大，但伤人的机会不多；第二，受伤的几乎都是裸露在外的皮肤，如脸部，隔着衣服的肌体就没有什么事。

至于地光为什么会伤人？为什么还能使树木、蔬菜等植物发生那样枯焦的现象？由于目前对地光的成因还没有充分认识，所有这些现象都还不能作出很合理的解释。有人认为这是地震前地电和地磁的异常变化使大气粒子放电发光所致；也有人认为是放射性物质的射气流从地下的裂缝中射出，在低空引起大气电离，因而发光。但这都不过是一种推测，究竟如何，还有待于探索。

5.3 地气雾

翻阅我国地震的历史资料，便可发现在许多大地震时，出现“天昏地暗”的现象。如1668年7月25日山东莒县、郯城8.5级地震时，“地惨天昏蒙黑雾”；1679年9月2日河北三河、平谷8级地震时，“黑气障空，不见天日”，等等。这究竟是文人的夸张，还是真有其事呢？1975年2月4日辽宁海城7.3级地震前不久，人们确实观察到本来还可看见的星空突然昏黑，地上伸手不见五指，大地震过去以后才又很快地亮了起来。这与1920年12月16日宁夏海原8.5级地震时，昏黑到赶车的人看不见车前的牲口的情况一样。看来，这确有其事。

为什么会有这种情况？在海城大震前，有人发现一种浓密的雾气笼罩了大地，通常高 2 m 或更多一些，正好挡往人们的视线，大震过去后才又逐渐消失，当地人称之为地雾、地气或地气雾。很可能就是这种雾气造成了天昏地暗的现象。1925 年 3 月 16 日云南洱海中发生 7 级大地震之前，也出现过高约 2 m 的似雾非雾之气。

这种地气雾还常有臭味，例如 1902 年新疆大地震、1918 年广东南澳大地震、1925 年云南洱海中大地震之前，都闻到了一种臭味，而且多为硫磺味夹带臭鸡蛋味、沥青味等等，闻了使人不舒服，个别人有被熏倒的。以这种特点为线索，人们发现这种地气雾不仅在大震时出现，其实震前好些天可能就已开始出现了。如 1975 年海城大地震前几天至二十几天，在海城营口、盘山、锦县、丹东、辽阳、凤城、岫岩一带就有人闻到了这种气味。虽然地气雾究竟是什么东西还未查明，但这种现象的存在是无疑的了。

5.4　地　　声

在大地震发生的时候，普遍有发出声响的现象，这就是地声。不仅是大地震，小一点的地震有时也有地声。

我国有丰富的关于地声的记载。从这些记载中可以了解到地震时有“声如闷雷”的居多，还有如风吼、如奔车、如岩石破裂、如金戈铁马相互碰击等声音的。事情确实如此，1975 年海城地震、1976 年唐山地震时，人们都多次听到了地声。

地声的到来是由远而近再由近而远的，有方向性。因此听起来有如雷声滚滚而过，或如载重车辆在地下行驶，或如千军万马在地下奔腾。通常人们听到地声的时候，地震马上就要发生了，其间歇不过几分钟，甚至更短。因此在听到地声时，敏捷地跑出危险区还来得及，稍一迟缓就来不及了。但是，如果用灵敏的仪器进行监听，提早发现，也有可能作为临震预报的一种手段。

地声的出现也许是地下的岩石破裂发出的声音,究竟是怎么回事,还有待进一步探讨。

5.5 “地生白毛”

在我国地震历史资料中,关于地生白毛的记载很多。例如535年12月“都下(南京)地震生白毛,长二尺”;548年10月江南地震也有同样现象;788年3月“京师(长安)地震生毛,或黄或白,有长尺余者”;832年3月、1180年6月、1475年5月苏州、北京、松江等地地震都有地生白毛的记载。1479年5月“江苏常州府地震有声,生白毛,细如发,长尺余”。1499年5月,1502年7月,1505年10月,浙江、广西等地多次出现“地震,白毛遍地”的情况。1506年到1510年间云南、浙江、河北等许多地方都出现“地震后生白毛”现象。较近的记载是1691年4月,“福州地震,泥土生毛”;1785年3月“福建南安地震生毛”。以后就不大见到记载了。

从历史记载来看,有几个现象值得注意:第一,白毛多见于南方,北方少见;第二,多见于春夏,秋冬少见;第三,除绝大部分为白毛外,尚有个别黑、黄、赤毛的记载;第四,除地震时生白毛以外,还有一些生白毛的记录,并未注明是在地震后发生的;第五,多见于古书记载,而近代少有报道。从这大量的记载来看,地震时地生白毛的现象不一定就是虚构,但是现在为什么没有听说呢?这是可以探索的。究竟为什么会“地生白毛”?由于缺少这方面的实际材料,现在还搞不清楚,有人设想,如果是一种丝状物的竖立,可能与地震时产生的静电作用有关。但也有人认为,可能与地震无关,而是地下有什么东西发霉,当时又正好有地震,于是附会讹传。总之,都还需要验证。

5.6 泥石流

“洪水猛兽”在古代被认为是很可怕的东西。如果洪水里不只是水,还包含有许许多多大大小小的石块泥砂,其破坏力之大,可想而知。这种含有大量(通常占总体积的15%以上,最多可达80%)砂石等固体物质的特殊洪流,人们称之为泥石流。泥石流多形成于多雨的高山环抱的盆地之内,经过陡峭狭窄的峡谷,向低处倾泻。不过它也并不是天天都在这样急剧地活动,而是到一定时期才突然爆发一次。形成泥石流的原因很多,有的泥石流在成因上明显与地震活动有关,主要有下面几种情况:

1. 强烈地震使构成山体的岩石受到破坏,同时使已经破坏了的山石、泥砂崩落滑坠,这些砂石正是形成泥石流的物质来源。如果这时又有暴雨、山洪,就会产生大规模的泥石流,1974年云南昭通大地震后,就有这种情况。

2. 在那些断层交错、裂隙纵横的山区,风化作用强烈或早就有滑坡现象的地方,本来已经破碎了的岩石,长期被雨水饱和,到了强烈地震发生时,虽然当时没有下雨,或者下小雨,也可以形成泥石流。

3. 过去的老泥石流,在强烈地震影响下,也可以再度活动,而且震动还可能促使泥石流从高处向低处俯冲。

不少灾害性泥石流发育的地区往往和强烈的地震带一致,我国西南部分地区就有这种现象。

第6章 地震术语

6.1 断层与断裂带

地壳中的断裂很多。当断裂面两边的岩层发生了位置相对错动这种情况，在地质学中就称之为断层(图 6.1)，断裂面也叫做断层面。断层面两边的断块，位于断层面之上的称为上盘，位于断层面之下的叫做下盘。当然这得断层面是倾斜的才分得出来，如果是直立的，就分不出上下了。不过断层面一般都是倾斜的。按传统地质学的习惯，把上盘相对下降，下盘相对上升的断层叫正断层；上盘相对上升，下盘相对下降的断层叫逆断层。

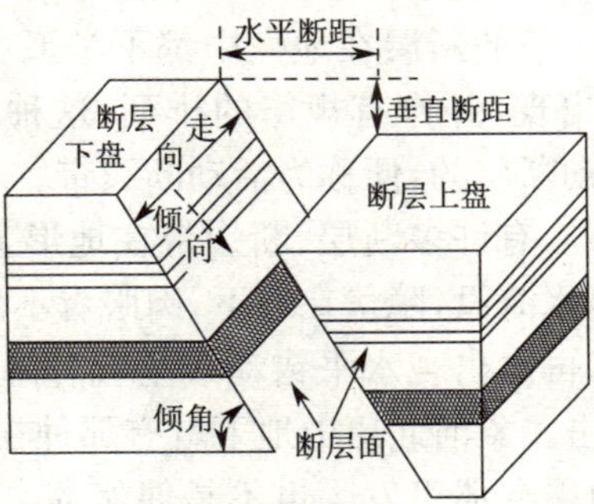

图 6.1 断层示意图

大陆浅源构造地震的发生，多半是由于原来那里就有断层，当断层面两边的断块再一次错动的时候，地震就发生了。也有些地震是由于产生了新断层的缘故。

图 6.2 为陕西省西安市附近的地质剖面示意图，显示秦岭与渭河平原之间的地势与断层概况。所以 1556 年 1 月 23 日秦岭以北渭河以南的华县发生 8 级大地震不是偶然的，而是这里的断层两边的断块再次错动的结果。这种两边的断块还在上升下降或沿

水平方向移动的断层，被称为活动断层。地震的发生大多与活动断层有关。

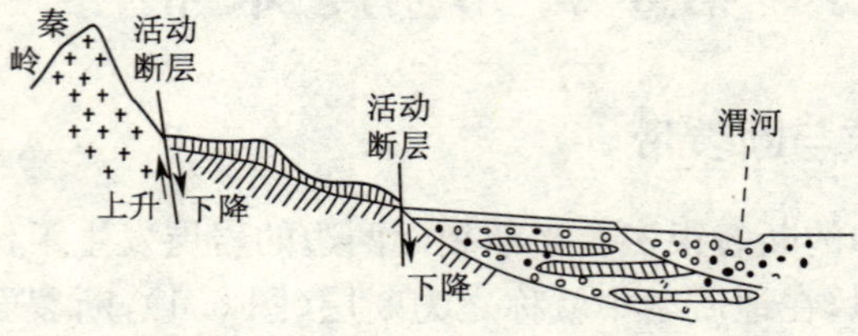

图 6.2 西安附近的地质剖面示意图

活动断层有的很久才错动一下，有的则经常都在移动。后者的活动性是较强的，这里地震往往也就频繁一些。但如果活动性很强，能量随时通过许多小的地震释放掉了，大的地震就可能产生不了，因而也就没有地震危害了。

活动断层或一般的断层在地壳中都不是孤立的，它们常常成群地在一定地带出现，并作有规律的排列，这种地带被称为断裂带。其中存在活动断层的，便称为活动断裂带。

值得注意的是，有许多断层、断裂带在地形上无明显表现，甚至为泥沙掩埋，海水淹没，隐伏在地下，肉眼看不出来，如果其中有的断层还在活动，再次出现水平错动或垂直升降，就会发生地震，给我们以突然袭击。象河北唐山地下就有那种在地面看不见的活动断层，所以大地震在那里发生也不是偶然的。因此我们不仅要看到那些在地面可以识别的断层和断裂带，还应该查清那些暗藏在地下的活动断层和活动断裂带。在目前，通过各种方法（如地球物理探测法等）作深入的调查研究，掌握大量材料，进行科学分析，是能够把它们找出来的。

6.2 震源与震中

6.2.1 震 源

地震在地壳深处的发源地，称为“震源”。震源由地表面算起的深度，称为“震源深度”(图6.3)。

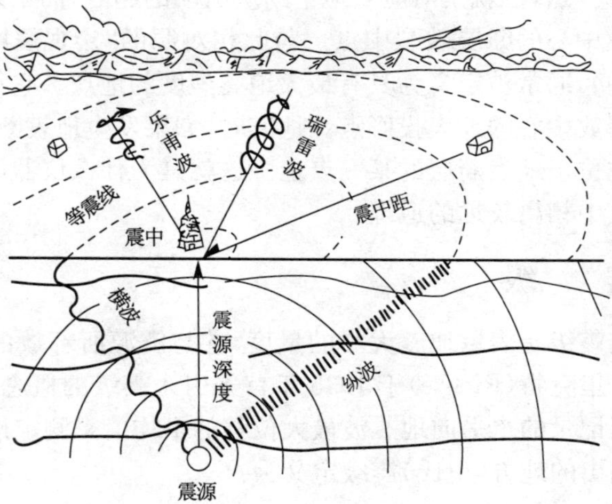

图6.3　地震术语示意图

震源深度在70 km以内的地震叫“浅源地震”；70～300 km之间的叫“中源地震”；300 km以上的叫“深源地震”。世界上绝大多数的地震属浅源地震，而且震源深度多在5～20 km范围内。一般说来，同样大小(能量)的地震，震源较浅时，波及范围小，但破坏程度大；震源较深时，波及范围广，但破坏程度相对较轻。震源深度超过100 km的地震，在地面上几乎不会引起灾害。

6.2.2　震　　中

地面上与震源正相对着的地方，或者说震源在地表面上的投影点，称为“震中”。震中的附近地区，称为“震中区”(图6.3)。地震灾害最严重的地区，称为“极震区”。多数情况下，震中区和极震区大体上是一致的。

地震震源是由仪器测得的地下深处岩层先发生破裂的一点，即地下断层滑动的起点，它并不表示地震能量释放的中心。震级小于6度的地震，能量释放中心与断层滑动的起点相距很近；但很大的地震,这两点有时相距甚远。"仪器震中"就是地表上对应于震源的那一点,也就是对应于地下断层滑动的起点,而不是对应于能量释放中心的断层破裂中点。与此相对照的"宏观震中"(或称现场震中),通常被定义为具有最大地震烈度的地点。它往往更靠近能量释放中心的地表投影点。地震时,如果发生地表断层,宏观震中往往位于地表断层的某一点上。这就是为什么仪器震中有时与宏观震中相离较远的道理。

6.3 震　级

地震震级是表示地震大小的量度,它与震源所释放的能量多少有关。里克特(Richte)于 1935 年首先引入震级的概念,并提出用地震仪记录的水平向地震波最大位移的平均值来测定地震的大小。他提出的地方(里氏)震级定义为:

$$M_L = \lg B - \lg B_0$$

式中,B 为标准地震仪(周期为 0.8 s,阻尼系数为 0.8,静态放大倍数为 2 800)在震中距 100 km 处记录到的两水平向分量最大振幅的平均值(μm);$\lg B_0$ 为起算函数,根据当地的经验给定。

由于标准地震仪是一种短周期地震仪,对于周期大于 0.5 s 的地震动,记录逐步变小,因此只适用于记录短周期的地震动分量,也就是近震。可是,人们在大部分情况下只能记录到远震,为此,Gutenbeg(1939)仿照上述定义,提出了面波震级 M_s,其定义如下:

$$M_s = \lg A_s - \lg A_0$$

式中,A_s 为面波最大地面位移(μm),取两水平分量矢量和的最大值;$\lg A_0$ 为起算函数,用经验方法确定。

面波震级用于浅源远震。在约 2 000 km 以上的震中距处,地震动最主要的波是面波,周期约为 20 s 左右,相应于瑞雷(Rayleigh)波速和洛夫(Love)波群速最小值,这一定义的优点在于这样的面波,在地球任何地方衰减大致相同,所以采用的 $\lg A_0$ 值可用于全世界。其缺点是不能用于深源地震，因为深源地震产生不了这样的面波。为此，Gutenbeg(1945)又提出了适用于深源地震的体波震级 M_b 的定义：

$$M_b = \lg\left(\frac{A_p}{T}\right)_{max} - \overline{Q}(\Delta, h)$$

式中，A_p 为体波竖向或水平分量最大地面位移(μm)，一般用 1 s 左右的纵波地震动竖向分量；T 为记录中与 A_p 相应的周期(s)；$\overline{Q}(\Delta,h)$为标定函数，与震中距和震源深度有关，根据经验确定。

在我国，规定的面波震级的计算公式为

$$M_s = \lg\frac{A_s}{T} + \sigma(\Delta) + C$$

式中，T 为相应于 A_s 的周期；$\sigma(\Delta)$为起算函数；C 为台站校正值。

根据我国资料，地方震级与面波震级的经验关系为：

$$M_s = 1.13M_L - 1.08$$

由此可见，地方震级 M_L 所根据的是周期为 0.1～0.5 s 的地震动，面波震级 M_s 是 3～20 s 的面波地震动，而体波震级 M_b 是 1 s左右的体波地震动。无论采用哪种震级，其精度都不太高，由于地震波传播的差异，同一地震在不同地点确定的震级常常不同，差异常达 0.5 左右，有时甚至超过 1.0。

一次地震只有一个震级，但有时却报出了不同的数字，譬如 1975 年辽宁海城地震的主震，我国测定为 7.3 级，国外有定为 7 级的，也有定为 7.4 级的。1973 年四川炉霍地震的主震，我国测定为 7.9 级，国外却定为 7.4 级。这种情况的出现是由于地球不是一个均一的物体，加上观测的仪器、方法的差别，以及不可避免的误差等等因素，各地测到的数据及经过换算后的结果总是可能有出入的，因而一次地震很少有各个台站定出的震级完全一样。这并不是震级本身有什么变化，而是计算结果不同罢了。

不同震级的地震通过地震波释放出来的能量大致见表 6.1。

表 6.1 震级与能量关系

震级	能量(J)	震级	能量(J)
0	6.3×10^{4}	5	2×10^{12}
1	2×10^{6}	6	6.3×10^{13}
2	6.3×10^{7}	7	2×10^{15}
2.5	3.55×10^{8}	8	6.3×10^{16}
3	2×10^{9}	8.5	3.55×10^{17}
4	6.3×10^{10}	8.9	1.4×10^{18}

目前记录到的最大地震，还没有超过 8.9 级的。有些小的地震则比零级还要小，于是用负数来表示。一个 8.5 级地震释放出来的能量，如果换算成电能，相当于我国甘肃刘家峡水电站(122.5 万千瓦)工作八九年所能发出的电量总和。这还不是它所具有的全部能量，因为有一部分能量在地震发生过程中转变成热能和使岩层发生断裂位移的机械能了，还有一部分能量没有释放出来。试验证明要在坚硬的花岗岩中爆炸一个相当 2 万吨黄色炸药(TNT)的原子弹(8×10^{13} J)，所得的结果才大致和一个 5 级地震(2×10^{12} J)差不多。至于那些微小地震的能量则很小，有的仅仅与一个鞭炮爆炸相似。震级每差 0.1 级，能量的大小约差 1.4 倍；差 0.2 级，差$(1.4)^2$ 倍；差 0.3 级，差$(1.4)^3$ 倍；……。以此类推，震级相差 1.0 级时，能量相差$(1.4)^{10}$倍，即大约 30 倍。一年中地球上全部地震释放出来的能量约为 $10^{18}\sim10^{20}$ J，其中绝大部分来自 7 级和 7 级以上的地震，这些地震被称为大地震。7 级以下、5 级和 5 级以上的地震称为强震或中震。5 级以下、3 级和 3 级以上的，称为弱震或小震。3 级以下、1 级和 1 级以上的称为微震。小于1级的称为超微震。

6.4 地震烈度与地震烈度表

6.4.1 定　义

地震烈度指的是地震时地面受到的影响和破坏的程度。它的应用极广，就像谈气象离不开温度、风力、雨量，搞水文离不开水位、流速一样。

地震烈度表是划分地震烈度的标准。它主要是根据地震时地面建筑物受破坏的程度、地震现象、人的感觉等等来划分制订的。我国和世界上大多数国家都是把烈度分为12度。由于各国的建筑物情况和地表条件都有不同，因此作为烈度标准的具体内容也应有所不同，才能符合本国实际情况。我国科学工作者根据自己的地震资料和城镇最常见的建筑物的特点进行了大量工作，制订了一个适用的地震烈度表(表6.2)，它的内容大致如下：

1～2度　人们一般没有感觉，只有地震仪才能记录到。

3度　室内少数人能感到轻微的震动。

4～5度　人们有不同程度的感觉，室内物件有些摆动和有尘土掉落现象。

6度　人行走不稳，器皿倾斜，房屋可以出现裂缝，少数受到破坏。

7～8度　人站立不住，大部分房屋遭到破坏，高大的烟囱可能断裂，有时还有喷沙、冒水现象。

9～10度　房屋严重破坏，地表裂缝很多，湖泊、水库中将有大浪出现，部分铁轨弯曲变形。

11～12度　房屋普遍倒塌，地面变形严重，造成巨大自然灾害。

因此，当一次地震后，提到某一地方的地震烈度为几度时，也就可以大概知道这个地方所受到的影响程度了。

表6.2　中国烈度表

烈度	人的感觉	房屋破坏震害程度	其他现象
1	无感		
2	室内个别静止中的人能感觉到		

续上表

烈度	人的感觉	房屋破坏震害程度	其他现象
3	室内多数静止中的人能感觉到	门、窗轻微作响	悬挂物微动
4	室内多数人感觉到；室外少数人感觉到；少数人梦中惊醒	门、窗作响	悬挂物明显摇倒，器皿作响
5	室内普遍感觉到；室外多数人有感觉；多数人梦中惊醒	门、窗、屋顶、屋架颤动作响，灰土掉落，抹灰出现细微裂缝	不稳定器物翻动
6	少数人惊慌失措，仓皇逃出	损坏——个别砖瓦掉落，墙体微细裂缝	河岸和松软土上出现裂缝，饱和砂层出现喷砂冒水。地面上有的砖烟囱出现轻度裂缝，掉头现象
7	大多数人仓皇出逃	轻度破坏——局部破坏、开裂，但不妨碍使用	河岸出现塌方，饱和砂层常见喷砂冒水，松软土上地裂缝较多。大多数烟囱中等破坏
8	摇晃颠簸，行走困难	中等破坏——结构受损，需要修理	干硬土上亦有裂缝，大多数砖烟囱严重破坏
9	坐立不稳，行动的人可能摔跤	严重破坏——墙体龟裂，局部倒塌，修复困难	干硬土上有许多地方出现裂缝，基岩上可能出现裂缝。滑坡、塌方常见。砖烟囱出现倒塌
10	骑自行车的人会摔倒，处不稳定状态的人会摔出几尺远，有抛起感	倒塌——大部分倒塌，不堪修复	山崩和地震断裂出现，基岩上拱桥破坏，大多数砖烟囱从根部破坏或倒塌
11		毁灭	地震断裂延续很长。山崩常见，基岩上拱桥毁坏
12			地面剧烈变化，山河改观

注：1. 表中数量词的说明：个别表示 10％以下；少数表示 10％～50％；多数表示 50％～70％；大多数表示 70％～90％；普遍表示 90％以上。

2. 1～5 度以地面上人的感觉为主；6～10 度以房屋震害为主，人的感觉仅供参考；11～12 度以地表现象为主；11～12 度的评定，需要专门研究。

3. 烟囱指工业或取暖用的锅炉房烟囱。

4. 使用本表时可根据地区具体情况作出临时的补充规定。

6.4.2 地震烈度的用途

概括起来说，地震烈度这一概念的用途可分为下述三个方面：

第一，作为震害轻重的简便估计。一次强震之后，政府或社会为了解各地震害的大小和分布情况，需要一个极为综合而简便的描述，便于了解各地区的灾情，以便救灾、恢复和重建。经过多年的实践，人们采用地震烈度来满足这一要求。例如，6度以下表示无灾；6～7度表示轻微灾害；7度表示明显的灾害；9度及9度以上表示重灾，伤亡严重，无家可归、通讯及交通、生产与生活均遭到严重破坏，急需外地援助。这种综合而简便的粗略等级划分，便于群众理解，就像台风的风级一样。

第二，为地震工作者提供一个宏观尺度来描述地震影响的强弱。地震工作者利用这些资料可以研究震中区的烈度分布，从而估计这次地震的震源情况、地震活动和地质构造活动。特别是历史地震，只有震害资料可供参考，假如放弃这些历史资料，则全世界只有近几十年的地震资料可供利用，这对地震活动性的研究来说过于短暂，无法了解几十年甚至几百年的强震突发规律。地震活动性是地震工作研究的核心，地震预报和地震工程都以此为根据。不了解地震活动性，则抗震设防标准难以制定。

第三，作为一种粗略而简便的指标，为地震工程总结抗震经验、进行烈度区划，从而规定设计地震动参数，并据此进行震害预测。许多国家都曾在抗震规范中使用过地震烈度这个概念，但随着科学和建设的发展进步，工程抗震设计的要求变得更为明细，地震烈度这个简略的概念已逐渐不能适应工程设计的要求；但是，对于工程震害预测仍然以通过烈度来估计为主，当前抗震结构理论的发展还不能独立于震害经验。

6.4.3 地震烈度的性质

由于地震烈度具有三个特性，即多指标的综合性、分等级的宏观性和以后果表示原因的间接性（当用地震烈度作为地震动大小强弱的表示时，即存在第三个特性），所以它只能是粗略的综合的宏观描述，而不能理解为或用作细致的定量的物理量。例如9度、10度并不一定表示某种结构物的震害一定要比6度、7度时更大，或更大多少倍。欧洲及美国常常根据地震烈度表中最高烈度的指标来评定该地震该地点的烈度。例如，由于断层错位出露地表而将该地点定为9度、10度甚至11度，但断层附近的房屋破坏最多为7度。又如近震小震引起的7度震中区，刚而矮的房屋破坏重，高而柔的房屋破坏轻，特别是在刚性场地上；反之，远震大震引起的7度区，刚而矮的房屋无破坏，但高而柔的房屋或其他工程结构则破坏重，这种事例很多，特别是在软弱地基上，如1985年墨西哥城遭遇的震害。

总之，烈度是个粗略的等级划分。就一次地震一种结构而言，6度时的震害可以大于7度甚至8度，但另一次地震或另一种结构就不一定如此；就像一位一级研究员和一位六级副研究员相比，完全可能这位副研的数学水平高于这位研究员，但总体来说，研究员的水平要高于副研，特别是在同一专业学科内更是如此。可惜的是，地震烈度并不再细分为房屋的烈度或地表的烈度，并不区分近震刚性结构的7度和远震柔性结构的7度；地震烈度是将不同地震、不同结构、不同事物的影响综合在一起，所以要比区分学科的研究员更为粗略。人们不会将一位数学专业的六级副研究员和一位一级老中医的数学水平作比较，因此也不能要求大震远震坚硬场地上以矮房震害为主的7度去对比高柔结构的破坏，也不能要求凡是7度都得要有0.1 cm/s^2 的峰值加速度。

6.4.4 地震烈度与震级的关系

震级反映地震本身的大小，只跟地震释放能量的多少有关，而烈度则表示地面受到的影响程度。一次地震本质上只有一个震级，因为震级是表示一次地震释放能量的多少，而一次地震释放多少能量则是一定的。至于一次地震在各地表现出来的不同影响，应该用不同的地震烈度来表示，而不能说是震级有了变化。譬如说1976年7月28日河北唐山地震的震级是7.8级，北京受到的影响当然小些，这只能说是北京和唐山烈度有所不同，而不能说，唐山震级是7.8级，北京震级是5级或6级。震级和烈度各有自己的标准，不能混为一谈。现在一般都把震级的标准称为级，烈度的标准称为度，以示二者的区别。但也有的书报中都称为级，这是弄错了的，实际上是两回事。

烈度不仅与震级有关，同时还跟震源深度、距离震中的远近以及地震波通过的介质条件（如岩石的性质、岩层的构造）等多种因素有关。震中烈度与震级及震源深度之间的关系大致见表6.3。

表6.3 震中烈度

震级 \ 震源深度/(km)	5	10	15	20
3级以下	5	4	3.5	3
4	6.5	5.5	5	4.5
5	8	7	6.5	6
6	9.5	8.5	8	7.5
7	11	10	9.5	9
8	12	11.5	11	10.5

一般震源浅、震级大的地震，破坏面积虽然较小，但极震区破坏则较严重；震源较深、震级大的地震，影响面积比较大，但震中烈度则不高。

6.4.5 基本烈度与设计烈度

基本烈度是指一个地区在今后一定时期内，在一般场地（建筑物所在地）条件下可能遭遇的最大地震烈度。

设计烈度是指一个建筑物在进行抗震设计时采用的地震烈度。设计烈度不完全等于那个地区的基本烈度，根据建筑物的重要性，可以有所不同。也就是说建筑物越重要，对抗震安全度的要求也就越高。因此，设计烈度可以等于基本烈度，但也可以较基本烈度提高一度或降低一度。例如一个地区的基本烈度是8度，在进行建筑物抗震设计时，根据它的重要性，设计烈度可以采用 8 度，也可以采用 7 度或 9 度。

有人也许要问，进行抗震设计时，把设计烈度提高 1 度不是更保证安全吗？要知道设计烈度提高一度，对于一个条件相同的建筑物来说，造价就要提高很多，这样就不免造成不必要的浪费了。既要保证安全，又要避免浪费，这就要求在进行建筑物抗震设计时根据具体情况慎重考虑了。

6.5 等震线

在同一地震影响下，地面上破坏程度相同各点的连线叫等震线。把许多破坏程度不同的等震线画在一个图上，就是等震线图。等震线图其实也就是等烈度线图，见图 6.4，在等震线 8 度线范围以内的破坏程度一般都在 7 度以上。不过，有时也存在局部烈度较高或较低的不规则地区。等震线图过去常被画作椭圆形，但实际情况并不如此，而是要复杂得多，如上图所示的辽宁海城地震等

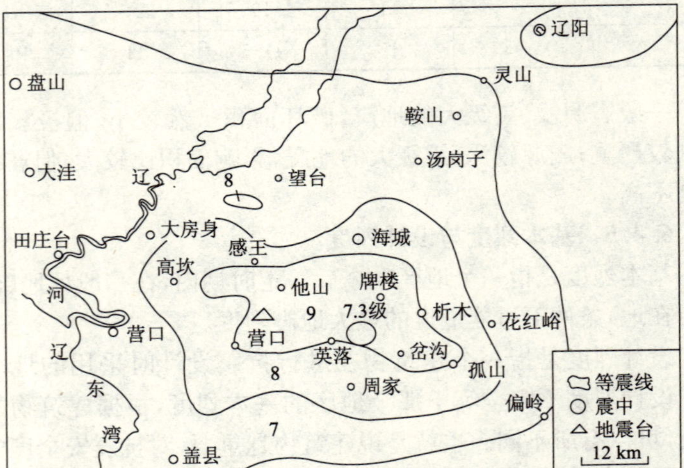

图 6.4 等震线图

震线图就不是椭圆形。因为烈度并不是简单地按照距离震中越远就越小的规则在变化，而是有复杂的情况。

等震线图在地震工作中用途很多。例如根据它可以了解一次地震中各地地面烈度的变化，并确定宏观震中位置，即地面上破坏最强烈的地点，而不是用地震仪器所测定出来的微观震中位置。其次，根据震中区的形状，可以推断产生地震的断层的方向。一般来说，这个方向是平行于最强等震线的长轴。此外，还可以利用等震线图大致推算震源的深度。

6.6 地震仪和强震观测系统

6.6.1 地震仪

望远镜是接收光波的仪器，听诊器是接收声波的仪器，那么接收地震波的仪器是什么呢？

最早记录地震波的仪器是张衡在公元 132 年 7 月（东汉汉顺帝阳嘉元年）发明的“候风地动仪”。

张衡，字平子，今河南南阳市石桥镇人，生于公元 78 年，卒于 139 年。

张衡生活的东汉，正值地震活动频繁的年代，从公元 96 年～125 年，有 23 年发生地震，仅公元 119 年 1 年内就发生了两次大地震。时任太史令的张衡目睹了地震之惨状，激发了制造地动仪以观测地震的欲望，经过 6 年孜孜不倦的努力，终于制成了。

候风地动仪用青铜铸成，整体造型宛若汉代的酒樽。仪体呈圆形鼓腹状，直径约 1.89 m，下附圈足，上面有可以启闭的圆盖，通高约 2.4 m，仪器主体外围按 8 个方向附设 8 条垂龙，龙口内各衔一枚铜丸，地上设 8 只张口的铜蟾蜍，与龙口对应。龙头下部仪器表面雕刻有四灵图案、象征 28 宿，8 龙方位下书刻卦文，以示八方。圈足上部刻有山阜之形、表示地的平面。

仪器内底部中央，竖有一根都柱，围绕都柱有 8 条滑道，滑道上面，装有 8 组“牙机”，其外端呈曲尺形，穿有枢轴，通出仪器外面与龙上颌接合。遇某一方向有地震，都柱即倾入相应方向的滑道，推动牙机，使龙头上颌张开，铜丸即落入蟾蜍口中，发出声响，用以报警。

候风地动仪的灵敏度很高。据记载，公元133、135、137年洛阳一带连续发生地震，地动仪均有显示，与实际方向“合契若神”。特别是公元138年陇西的一次地震，当时京都洛阳毫无感觉，但地动仪正对着西方的龙嘴却吐出铜丸，“京师学者，咸怪其无征”，后数月，使者来报，陇西发生了地震，“城于皆服其妙”。汉顺帝得知地动仪十分灵验，便下令史官从此开始记载地震。

遗憾的是，在封建社会里，创造发明得不到重视，候风地动仪，随着沧桑的变迁早已失传，直到现代，王振铎经过对历史资料的整理和研究，并总结了一些地震学家的研究成果，于1959年才将候风地动仪复制，现陈列在中国历史博物馆内。

如果我们只认为这台仪器只能记录到地震发生的方向，那就太低估我们祖先的成就了。要知道这台仪器的发明，说明那时我们的祖先已经懂得，地震动是从远处某个方向传播而来的地面运动，这是非常了不起的。况且，这一伟大发明要比欧洲类似的发明至少早1 500年。

近代意义上的地震仪，主要是利用惯性原理和弹性原理来记录地震引起的地面运动的。在这里，惯性原理和弹性原理的结合，使得传感器能够记录到地面的运动，并在地面运动过后，地震仪最终回到原来的状态。一个直观的实例是一个由弹簧和重锤组成的垂直摆（图6.5）。为了提高回到原来状态的效率，还需要有“阻尼”，就是使地震仪的传感器很快地回到原来的状态，而不是让它振动起来没完没了的阻力。

在地震仪的发展史上，首先要解决的一个关键性的技术问题，就是如何提高地震仪的放大倍数以记录到比较微弱的地面运动。为此，地震学家想了很多办法，但最有效的办法是电子放大和照相记录的引入。

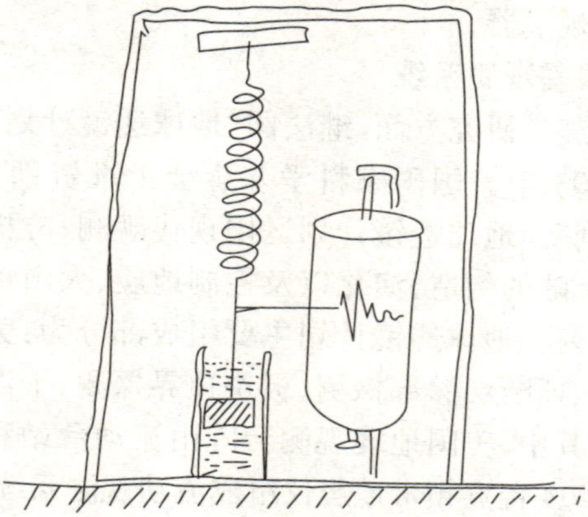

图 6.5 一个简单的垂直摆“地震仪”

弹簧和重锤或者其他的机械元件都有它自身的自振周期，因此机械传感器的结构和性能决定了地震仪能够记录到的地面运动的优势周期。这也说明，传统的地震仪所记录到的地面运动是频带较窄的。机械元件的灵敏程度和结实程度是一对矛盾。灵敏和结实“妥协”的结果，大大地限制了地震仪的动态范围，就是所能记录到的最大的地面运动和最小的地面运动的比值（在地震学中通常使用这一比值的对数乘以 20，叫做“分贝数”）。

20 世纪 70 年代以来，两项关键性的技术引入地震仪的制造，在相当程度上解决了这两个问题。一个是电子反馈技术，就是无需“劳动”传感器自己振动，而是用试图阻止这种振动所必须提供的电流作为地震仪的输出，这就避免了传感器自身的“自振周期”的限制，从而使宽频带的地震观测成为可能。另一个是数字化技术。数字化技术的采用，使得地震仪可以“聪明地”根据地面运动的大小来调整自己的放大倍数，这就使得大动态的地震观测成为可能。此外，比较高的精度和便于与计算机联接，使数字化的地震记录受到普遍的欢迎。由此而发展起来的宽频带、大动态、高精度的数字化地震仪，成为目前地震学家研究地震波、地球内部结构和地震本身的常规武器。

6.6.2 强震观测系统

在国际地震学研究方面，继法国“地球透镜计划”、日本“海神计划”之后，2003 年美国国家科学基金会批准资助为期 15 年的“地球透镜计划”。地球透镜计划运用现代观测、分析和远程通讯技术，对北美大陆的构造、演化以及控制地震、火山爆发的物理过程进行调查研究。地球透镜计划主要组成部分为：美国地震观测台阵、圣安德烈斯断层深部探测、板块边界探测、干涉测量合成孔径雷达探测。其中，美国地震观测台阵由流动台站和固定台站组成，该台阵由 400 台宽频带地震仪组成流动观测系统，在均匀分布的 2 000 个观测网点上，由西向东将全美大陆覆盖一次，每一次台阵移动均有大约三分之一的重叠面积，每一组台阵覆盖 2～3 年，利用 10 年左右的时间完成观测计划。

我国《国家地震科学技术发展规划》(2006～2020 年)提出的“中国台阵”研究计划，由以下部分组成：①由中国国家地震台网与邻近地区和国家地震台站组成的 400 个固定数字化的地震观测台站；②由数百个宽频带地震仪组成的流动地震观测台阵；③由利用天然地震和激发人工震源组成的系列震源。地震台阵探测计划对“大华北”地区和“南北地震带”南段两个地区进行探测，并在此基础上开展相应地壳岩石圈结构与构造、地震成因机理研究。

我国地震观测网络由地震前兆台网、测震台网、强震动台网、地震活断层探测技术系统、地震应急指挥技术系统、地震信息服务系统等组成，服务于防震减灾工作的地震监测预报、震灾预防和紧急救援三大工作体系，是开展地震预报和防震减灾研究的基础。由此可见，强震观测是地震观测网络的一个重要组成部分。

利用仪器来观测地震时地面运动的过程以及在其作用下工程结构的反应称为强震观测。强震观测的任务是：为解决地震工程学中的根本问题，尽快获取和积累足够数量的、有意义的观测记录，以及改良记录的处理和分析方法，从取得的记录中提炼出更多有用的信息。近年来，强震观测所获取的记录数据在探索震源模式和发震机理，确定震源参数和余震迁移特性，系统研究地震波的传播规律，计算近源地层的速度结构方面，发挥了重要的作用。

强震观测的基本目的和意义是：①取得地震时地面运动过程的记录，为研究地震动影响场、震源机制等提供基础资料；②成套地获取近场地震动、不同场地的地震和多种工程结构地震反应观测数据；③检验和改进目前各种抗震分析和设计方法；④用于编制和修订地震动参数区划图和各类工程结构抗震设计规范，直接为抗震设防服务；⑤为震后快速评估震害和抗震救灾服务。

为了给地震工程学或近场地震学研究提供观测资料，只靠单台仪器记录是远远不行的，常常需要根据具体的观测目的去设计和布置有多台仪器组成的仪器群才行。这种服务于同一观测目的的仪器群称为观测台阵，简称台阵。

在强震观测中，为了便于维护和管理，往往把一个地区的多个强震台和各种类型的台阵称为一个强震台网。强震台网通常分为固定强震台网、地震动速报台网、强震流动观测台网和强震观测专用台阵。根据观测目的，现有强震观测专用台阵可分为下述几种：

(1)震源机制台阵(断层影响台阵)：旨在研究震源机制与地震动之间的相互关系，这种台阵常布设在震源或发震断层的附近，且最好能将震源包围起来。台阵中距发震断层最远的测点大约相当于震源的深度。

(2)传播效应台阵(地震动衰减台阵)：旨在研究近场地震波的传播和衰减规律。

(3)局部效应台阵(场地影响台阵、地形影响台阵)：主要研究局部场地范围内地震动的总体特征以及各种特殊的场地因素(地形、土质、土层等)对地震动的影响。

(4)结构反应台阵：目的在于取得结构在强地震，特别是在破坏性地震作用下的结构振动反应和输入地震动的记录，建立结构物在强地震作用下动力反应(弹性和弹塑性)的数学物理模型。这种台阵有:典型建筑结构台阵、大型桥梁台阵、大型水坝台阵、核反应堆结构台阵。

(5)地震动密集台阵(差动台阵):目的在于了解几十米至几百米范围内地震动的空间相关性。

(6)地下地震动台阵(三维台阵):目的在于了解几十米至两百米深度范围内地震动随深度的变化,以便更好地了解土—结构相互作用、设计地下构筑物和验证土体动力反应分析方法。

(7)区域性地震动台阵:目的在于获得一个较大地区范围内的地震动资料,了解场地条件对地震动的影响。这类台阵分布较广,线形长度有时可达几百公里。

(8)特殊地震动台阵:主要是指研究砂土液化和土—结构相互作用现象的两种台阵,分别称为砂土液化台阵和土—结构相互作用台阵。

根据强震后往往会发生一系列强余震的特点,为了加快积累强震观测资料,可采用强震流动观测台阵对大地震后的余震进行观测。对大地震后的余震进行震源机制的观测研究,一方面仍有机会获得具有重要价值的强余震记录;另一方面,还可以获得一大批中强震和小震的地震动记录,而这些记录对研究震源机制和地震动的关系同样是不可缺少的。强震流动观测台阵具有很强的时间性和高度的机动性,以近场密集台阵为主,兼顾地震动衰减、场地条件影响和工程结构地震反应的观测。

近场密集台阵的观测数据是研究近场地震动工程特征的最基本手段,近十几年,记录到了强度高、频带宽的强地震动记录,观测到了近断层处很大的长周期加速度脉冲、相当大的竖向分量以及某些有工程意义的时序特征等,对研究大地震近断裂的破裂方向性效应、上盘效应、地壳波导效应、盆地边缘效应等对地震动的影响有重要作用。近场密集台阵的观测数据是洞察震源破裂不均匀分布和破裂过程的最重要途径,近场“照片”更有利于分析震源的细节和过程。震源反演技术在 20 世纪 80 年代有了迅速发展,利用近场强地震动观测记录在频率低于1 Hz的范围内取得很好的效果，但是在大多数工程结构很关注的高于1 Hz的频段效果目前还不太好。

强震动观测数据的快速处理、传播和共享，使强震动观测台网在地震应急反应中的作用越来越大。建设高密度的数字强震动观测台网并在此基础上发展地震动强度(烈度)速报和大震快速反应系统，已成为世界各国减轻地震灾害的重要举措。“中国数字强震动台网”作为国家“十五”计划“中国数字地震观测网络工程”项目的一部分，将在21个国家地震重点监视防御区内建成具有遥测功能的数字强震动台网，8个一级重点监视区的台站平均间距25 km，13个二级重点监视区的台站平均间距42 km，共布设1 160个固定自由场强震动观测台；在北京、天津、兰州、乌鲁木齐、昆明5个大城市分别建设由80或50个速报子台和1个速报中心组成的地震动强度(烈度)速报台网，速报子台总数为310个；建设12个强震动观测专用台阵，包括：活断层影响台阵1个，地震动衰减台阵2个，场地影响台阵2个，地形影响台阵1个，典型建筑地震反应台阵4个，大型桥梁地震反应台阵1个，大型水坝地震反应台阵1个；建设1个国家强震动流动观测基地，配备80台数字强震仪，建设西南、西北、东南3个区域强震动流动观测基地，各配备40台数字强震仪。

“中国数字强震动台网”项目建成后，获取近场强地震动记录的能力将显著加强。地震重点监视防御区发生4级以上地震时，可以获得多台强震动记录，且可以保证获取的记录完整清晰、不丢头、频带宽、时间精度高。北京、天津、兰州、乌鲁木齐、昆明5个大城市地震动强度(烈度)速报台网监控范围内发生4级以上地震时，可在10分钟内完成地震动强度(烈度)分布结果的速报；同时，在监控范围内发生3级以上地震时，可获得多台近场加速度记录。大量有价值的强震动记录的获取，可为研究震源机制、地震动衰减规律、场地和活断层对地震动的影响、土与结构动力相互作用、典型结构的地震反应特性等提供可靠的基础资料；为我国的地震动参数区划图和各行业抗震设计规范的编制和修订提供依据，并为各种重要工程结构的地震反应时程分析提供典型的输入地震动时程，从而使建设工程的抗震设防要求和抗震设计更为科学合理。

6.7 地震波

地震波是一种由地震震源发出，在地球内部传播的波。我们知道，空气中的声波是纵波，就是质点振动的方向和波传播的方向一致的波；而光波是横波，就是质点振动的方向和波传播方向垂直的波。地震波既有纵波又有横波，纵波反映的是地球介质的体应变，而横波则反映地球介质的剪切应变。流体不能承受剪切型的变形，因此只能传播纵波不能传播横波。

在地震波中，还有一类沿着地球表面传播的波，称为面波。它与水面上传播的波看上去类似，但实际上却完全不是一回事。与面波不同的、在地球内部传播的波相应地称为体波。

纵波和横波都是体波。对于地震波而言，纵波最快，横波次之，而面波最慢。比如在地壳里纵波波速为 6 km/s，横波波速为 4 km/s，而面波波速为 3 km/s。

严格地说，真正意义上的平面波是不存在的，但是平面波经常可以作为一个非常好的简化。在地球的尺度上看，地震震源可以被当成一个点，因此地震体波是一种球面波，而地震面波则是一种柱面波。

地震波在地球内部传播的时候，同时经历着两个物理过程，一个过程是几何扩散，就是随着波传播的范围越来越大，分配到每个单位体积中的能量变得越来越小，但总能量是守恒的。另一个过程是衰减，就是在地震波传播的过程中，要损耗掉一些能量。损耗主要是通过两种方式进行的，一种是机械能变成热能，另一种是沿直线传播的地震波在地球内部小的非均匀体上发生散射，从而传播方向发生变化。

波在传播过程中,波长是一个重要的特征尺度。如果波遇到的障碍物的尺度比波长大得多,那么波就沿着射线传播,并在障碍物上发生反射和折射;如果波遇到的障碍物的尺度比波长小得多,那么障碍物对波的影响便可以忽略不计;而如果波遇到的障碍物的尺度和波长相差不多,那么波就在这个障碍物上发生散射。因此,直观地讲,多大的障碍物就散射多大波长的地震波。地球内部的非均匀体的特点是小的多,大的少。如果我们随便拿起一块石头,分析一下它的非均匀性的话,我们也会得到类似的结论,所以一个直接的结论就是,短波在地球内部传播时更容易被损耗掉;或者换句话说,损耗的结果,是使波逐渐地失去了它的高频成分。对于机械能变成热能式的衰减,我们也有类似的结论:"折腾"得越欢,就越容易"疲劳"。

运用前面提到的关于纵波、横波、面波的知识,我们可以构造包括纵波、横波、面波三种波的"理论的"地震图。从频谱上看,体波(包括纵波和横波)通常具有比较连续的、比较宽的频谱;而面波通常具有比较窄的甚至离散的频谱。从时间上看,体波通常具有比较短的甚至脉冲状的形状;而面波通常具有比较长的、甚至简谐式的形状(图6.6)。这种特性可以从一个极端简单的模型中得到

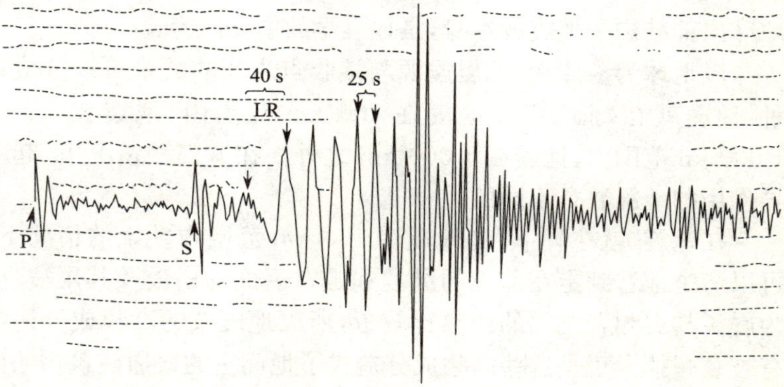

图6.6　包括纵波、横波、面波的地震图

理解。拿一个均匀的二维盘当作“地球”，可以看到体波的传播是“直截了当”的，因为在震源处的运动本身就比较“干脆”（那是岩石的断裂），所以体波的持续时间也比较短。而面波的传播则要满足一定的条件，就是必须“首尾能够相顾”。这样，只有少数几个波长的振动可以满足这一条件，所以面波的频谱是很窄的、甚至是离散的；同时，面波的持续时间可以比较长，其形状接近于简谐运动。

比较一下真实的地震图，就会发现我们的理解至少在一定程度上是正确的。这种理解本身为我们提供了一个研究地震波的原则性的方法：我们可以在理论上知道地震图是什么样子的，我们的理论最初是针对均匀的地球的——确切地说，这是一个均匀的、没有结构的地球再加上一个随机散射的背景，如果真实的地震图与这个图象有偏离，那一定是地球内部的特定的结构造成的。我们可以用这种偏离来勾画出地球内部的结构，再回过头来与真实的地震图进行比较，以发现新的结构。这样的故事，我们在天文学中是很熟悉的：天王星运行轨道的理论结果与真实情况的偏差，导致了海王星的发现；而考虑天王星和海王星的理论结果与实际情况的偏差，又导致了冥王星的发现。

事实上，地震波一直是探测地球内部结构的主要手段，也是最有效的手段。用“逐次逼近”的研究方法，用地震记录来研究震源、地球内部结构和地震波本身，是地震学的主要内容。

以地球为参照物，地震震源与接收点之间的关系可以分成四种：地震就在“脚下”及地震在 100 km 范围内、地震在 100～1 000 km范围内、地震在 1 000 km 之外。在这四种情况下，起主导作用的地震波是不同的。

在地震“就在脚下”和地震在 100 km 范围内发生的情况下，可以清楚地看到走在前面的纵波和走在后面的横波及其尾波，因为震源与观测者之间的距离比较近，所以地震波的高频成分还没有被衰减掉。正是这些高频成分造成了地面上的普通建筑物的破坏（图 6.7）。

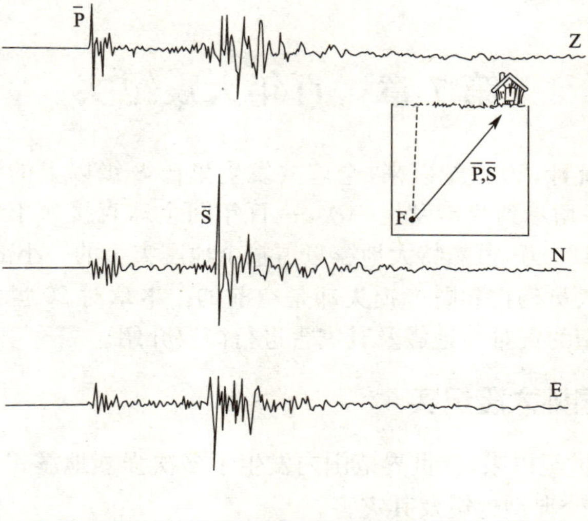

图 6.7　近震源地面运动的记录

地震在 100～1 000 km 范围内发生的情况下，除了能见到纵波、横波及其尾波之外，还能见到一类特殊的地震波——首波。首波的出现主要是因为在地壳下方的波速比地壳中的波速高，所以，经过一段距离后，走在地壳下方的波反而比走在地壳中的波先行到达。此外，来自地壳下部以及地壳内部的间断面的反射波和转换波也经常能看得到。在一些情况下，还可以见到“发育”得不是特别好的面波。

在 1 000 km 之外发生的地震波可以分成两类，沿地球表面传播的面波此时具有广阔的空间去驰骋，而体波则可以穿透到更深的地球内部。由于体波的几何衰减是“立体”的，而面波的几何衰减是“平面”的，所以面波的衰减自然比体波慢得多。在这种情况下，面波变成了地震波的主角；不过体波也有丰富的表现，只是由于震源与地震台站之间的距离比较大，所以高频成分大都衰减掉了。此时，地震波将以长周期为主。

第7章　百年大震纪实

据统计，20世纪以来，全球共发生里氏8级以上的浅源地震47次，平均不到两年发生一次，一百年间全球直接死于地震的人数超过100万，虽然特大地震只占整个地震灾害的一小部分，但其造成的人员伤亡和财产损失却是空前的。本章对20世纪以来国内外典型的灾难性地震及其灾害进行简要介绍。

7.1　国外大震纪实

20世纪以来，在世界范围内发生了多次强烈地震。下面是其中的10个典型地震及其灾害。

1. 1906年美国旧金山8.3级大地震

1906年4月18日，位于美国西海岸加利福尼亚州中部的旧金山市，发生里氏8.3级大地震，震中烈度为11度，加利福尼亚震区6万人丧生，其中旧金山市死亡2 500人。旧金山地震是20世纪最早的一起特大地震，也是美国历史上损失最惨重的一次地震。

旧金山市处在东太平洋大陆板块与北美洲大陆板块交接处，是世界上最大的地壳裂缝活动断层。4月18日凌晨5时12分，地沟突然撕开一条长约430 km的破裂带，水平位移达7 m左右，引发地震。市内高大建筑有的被震塌，有的被震得歪歪斜斜；大街上尸首遍地，瓦砾成堆，一幅凄惨的荒凉景象。马凯特大街下陷了足有1.2 m，地面高低不平。在布伦诺大街，地面出现了巨大的裂缝，半个街区被陷入地下，几十人被埋。商业区和金融区成了一片废墟，许多尸体从瓦砾中被震出来。工业区被夷为平地，社区与住宅区变成废墟。工厂和仓库，大型商店和报馆、旅馆和巨富豪邸都化为乌有。街道有的隆起，有的下陷，到处是断壁残垣，全市的心脏地带有一半成了废墟。城区的煤气系统被地震破坏，大火随着地震在全城蔓延，火势由市场街南方的十几处不同地区、工人贫民区，还有无数工厂开始燃烧，一直烧了三天三夜，街区一个个被烧毁。由于旧金山城区有较大数量的 19 世纪城市木结构建筑物，而早期的自来水系统彻底瘫痪，加上旧金山消防建设滞后，从而致使这次地震的次生火灾更加触目惊心。据不完全统计，大约价值3.5 亿美元(折合现在价值 50 亿美元)的财产化为乌有，并使整个加州震区 6 万多人丧生瓦砾和火海中。

2. 1908 年意大利墨西拿 7.5 级地震

1908 年 12 月 28 日，位于意大利南部西西里岛的墨西拿海峡海底，发生里氏 7.5 级大地震，并引发特大海啸，海啸几乎完全摧毁了海峡两岸的墨西拿和雷鲁卡拉布里亚市，导致 12.3 万人死亡，是 20 世纪最早的一起特大海底地震。

地震使墨西拿海峡两岸城市的建筑物剧烈摇晃，甚至上下跳动，无数的煤气管道当即爆炸起火。墨西拿市的豪华钟楼、教堂、戏剧院相继坍塌，化为废墟。与此同时，墨西拿海峡两岸的陡峭悬崖像散架似的纷纷坍塌并坠落海中。地震导致海底突然沉陷，又突然上浮，在近海岸掀起高达 12 m 的巨大海啸，巨波横扫海岸，直冲市区。排山倒海的海啸连续不断地向墨西拿和雷鲁卡拉布里亚市区猛烈冲袭。一些刚刚从废墟中爬出来的难民，又被涌进市区的海水卷走。几经洗城，港口几乎完全被咆哮的海水吞没，两大城市和 45 个村庄遭到了前所未有的毁灭性洗劫，残砖瓦砾到处堆成了无法逾越的山。此次地震在西西里以及意大利其他南部地区造成了十几万人死亡，仅墨西拿市死难者就多达 8.3 万人，其中三分之一直接死于地震，其余死于海啸。

3. 1923 年日本关东 8.3 级地震

1923 年 9 月 1 日，位于太平洋西北部边缘的日本关东平原南部的相模湾海底发生里氏 8.3 级海洋型大地震，震中烈度为 11 度，导致东京都、横滨、横须贺三大城市完全毁灭，14.3 万人丧生，造成 20 世纪以来最大的地震火灾，经济损失总价值折合现值超过

300亿美元，非常惨重。

在太平洋板块与欧亚板块接缝东侧边缘，此间海底和“太欧板块”边缘一带的地壳变动剧烈，地震非常频繁。11时58分，“太欧板块”错动，遂即斜向俯冲碰撞，相模湾海沟当即下陷399.3 m，引发地震。当地的河川、港湾、公路、铁路、供水、供电系统设施均遭严重破坏，房屋倒塌，多处被夷为平地。由于地震时正值烧火做饭的中午，加之当时的房屋多为木结构建筑，在东京都，震后半小时就发生火灾212处。有4万多灾民蜂涌逃聚到东京军事制服厂一块约有10万平方米的空旷地上，16时左右，风向突变，无数火星像骤雨般袭来，引燃了刚抢救出来的物资和灾民的衣物，人海立即变成火海，当场烧死、窒息3.8万人，只有2 000人侥幸逃生。从废墟中逃出来的数万灾民，被两岸的熊熊大火逼上了横跨隅田川的5座大桥，人多桥窄，无数的难民被迫跳人河中，有的当即被淹死，有的挣扎到岸边，又被强大的热浪烤死。数天后，桥头、桥上、岸边、水面上到处都是焦尸。同时，熊熊的大火又物化出无数强劲的上旋气流，并演变成转速极高的龙卷风，共计有120条烟龙卷、火龙卷在市区疯狂肆虐，龙卷到处，无一不是扫荡殆尽。在横滨，海浪高达9 m以上，不少建筑物被卷走。铁路交通枢纽被彻底摧毁，20个车站，8列火车，数十节车厢和5.8万幢房屋先后被烧毁。据震后统计，关东大地震毁灭了57.5万幢房屋，其中火烧44万多幢，死亡14.3万人。这次地震是日本有史以来最大最惨重的大地震，震后不久，日本天皇将每年的9月1日诏定为“全国防灾日”。

4.1939年土耳其埃尔津詹8级地震

1939年12月27日凌晨2时到5时，8级地震猛烈震撼土耳其，特别是埃尔津詹、锡瓦斯和萨姆松三省。埃尔津詹市除一座监狱外，所有的建筑物尽成废墟。地震造成5万人死亡，几十个城镇和80多个村庄被彻底毁灭。地震后，暴风雪又袭击灾区，加剧了灾难。

5.1960年智利大地震

1960年5月21日下午3时，智利发生8.3级地震。从这一天到5月30日，该国连续遭受数次地震袭击，地震期间，6座死火山重新喷发，3座新火山出现。5月21日的8.5级大地震造成了20世纪最大的一次海啸，平均高达10 m、最高25 m的巨浪猛烈冲击智利沿岸，摧毁港口、码头、船舶、公路、仓库、住房。时速707 km的海啸波横贯太平洋，地震发生后14小时到达夏威夷时，波高仍达9 m；22小时后到达17 000 km外的日本列岛，波高8.1 m，把日本的大渔轮都掀到了城镇大街上。这次地震，智利有1万人死亡或失踪，100多万人口的家园被摧毁，全国20%的工业企业遭到破坏，直接经济损失5.5亿美元。

6.1970年秘鲁钦博特7.8级地震

1970年5月31日，位于秘鲁西部安卡休州境内的钦博特海湾海底，突然发生里氏7.8级大地震，震中烈度为10度，并引发了迄今为止世界上罕见、最猛烈的瓦斯卡兰特大泥石流，导致容加依城全部毁灭，并使震区近7万人丧生，是20世纪以来南美洲地震史上死亡人数最多的特大地震。

环太平洋地震活动带的东支安德烈斯地震环从秘鲁境内穿过。5月31日下午15时23分，钦博特海湾以东的太平洋近海海底的断层突然移位，引发地震。震中钦博特及其东部地区的瓦廉卡、楚基卡拉、容加依等，由于地质与土质条件和土砖抗震性能极差等主客观原因，房屋等建筑物象豆腐渣一样坍塌。尽管地震时值白天，但很多人却仍然来不及逃离，就当即被活埋在断壁残垣中。与此同时，强大的冲击波震裂了民斯卡兰主峰的冰冠导致巨大的冰体坠落，酿变成南美洲甚至世界历史上空前的容加依泥石流毁城大惨案，一块大约近1 000m^3 的特大冰块，从瓦斯卡兰北峰崩塌，并狂落下坠900 m，撞击在海拔3 700 m处的冰山和冰河湖中。惯性溅起来的物体，形成一个巨大无比的涡流气旋。大约有1亿吨左右的球块、岩石、泥土和冰雪被腾空卷起并坠落，形成一股冰雪泥石流。估计约有5 000万立方米的冰雪泥石流以320 km/h的速度咆哮着向山下奔腾而来，所经之处，激起无数强劲的气浪和石雨。泥石流，像庞大无比的推土机一样铲平了沿途所有的山丘和村庄后，又轻而易举地(其时速已高达 400 km)翻过 100 多米高的分水岭，一下子整体凌空倾倒在容加依城内，使 2.3 万人丧生，容加依城全部毁灭。强大的冲击惯性，使泥石流在覆盖容加依城后，还继续向前推进了好几公里，流程长达 160 km。据震后官方公布，除钦博特基本毁灭，楚基卡拉、瓦廉卡半毁灭外，容加依和兰拉西卡全部毁灭，共计死亡 66 794 人，10 多万人受伤，100 多万人无家可归。

7. 1985 年墨西哥城 8.1 级地震

1985 年 9 月 19 日，位于墨西哥境内的西太平洋海底，突然发生里氏 8.1 级大地震，震中烈度为 11 度，导致远离震中的墨西哥城毁灭近半，震区内死亡 3.5 万人，是 20 世纪以来非极震区死亡人数最多的一次大地震。

城中处于科科斯板块(即美洲板块)与加勒比板块(即太平洋板块)的构造交接处，地震时，海面上掀起数米高的滔天巨浪，地面剧烈跳动，震中剧烈震动长达 90 s。次日，墨西哥城又接二连三地遭到 7.3 级、6.5 级、5.5 级等 38 次大余震的袭击。远离震中约 370 km 的墨西哥城遭到严重破坏。墨西哥城的所有政治、经济、文化、体育等活动当即陷于瘫痪——地铁停驶，铁路、公路交通枢纽中断、通信中断、航空港关闭；市政设施面目全非，一片狼藉。市区 35%的房屋等建筑约有 8 000 多幢遭到不同程度的破坏，其中有 300 幢全毁。尤其是老城区和繁华商业区(华雷斯大街)，几乎完全变成废墟。煤气管道断裂，市区火灾四起，使灾情更加惨烈。

8. 1988 年亚美尼亚大地震

1988 年 12 月 7 日上午 11 时 41 分，当时的苏联亚美尼亚共和国发生 6.9 级地震，震中在亚美尼亚第二大城市列宁纳坎附近，烈度为 10 度，该市 80%的建筑物被摧毁。地震造成 2.4 万人死亡，1.9 万人伤残，直接经济损失 100 亿卢布，超过切尔诺贝尔核电站事故的损失。这次地震的特点是震级不高，但损失惨重。

1989年,一个同样震级的地震发生在美国旧金山,仅死亡68人。

9. 1990年伊朗拉什特7.7级地震

1990年6月21日,位于伊朗西北部的吉兰省拉什特附近,突然发生里氏7.7级大地震,震中烈度为10度,导致吉兰和赞詹等6省死亡5万多人,鲁德巴尔镇全部毁灭。

伊朗位于欧亚地震带和高加索高原段的延伸段,为欧亚地震带中地震高发区和地震高烈度中心区,在太阳活动强烈物理冲击的作用下,1990年欧亚地震带再次活跃起来,在德黑兰200 km外的里海周围拉什特附近,处于叠压状态的板块突然错动,引发地震。大约1分多钟的剧烈摇晃,把里海沿岸150 km宽的所有房屋、建筑物全部夷为平地。紧邻的亚美尼亚的吉兰、赞詹等6省,到处都是东倒西歪的残垣断壁和崩裂破碎的土地。河堤决口无数,沟壑纵横交错,尘烟滚滚。几乎所有的房屋都已经倒塌,地上裂缝弯曲蜿蜒。在赞省,计有54个城镇和村庄完全被夷为平地。阿波镇和布乌思镇几乎无人逃生。震后发生的余震达360多次,其中多次强震,并出现前所未有的无数次大面积滑坡。数十吨重的巨大石块和几百立方米的滑坡泥石体,把通往高原城镇山村的峡谷和道路完全封锁。据7天后伊朗当局公布,本次地震死亡人数至少已有5万,受伤人数近20万,另外还导致50万人无家可归。完全坍塌的房屋和高层建筑物10多万幢,半毁房屋7万多幢,鲁德巴尔全镇毁灭,经济损失约100亿美元,并使整个吉兰省的经济基本崩溃,

10. 1995年日本阪神大地震

1995年1月17日晨5时46分,日本神户市发生7.2级直下型地震,大阪市也受到严重影响。这次地震造成5 400多人丧生,3.4万多人受伤,19万幢房屋倒塌和损坏,直接经济损失达1 000亿美元。神户市两座人工岛砂土液化严重,几乎所有岸壁崩塌,滑向大海,连接神户市和人工岛的跨海大桥也损坏严重,使日本第二大港神户港顿失生机。由于电线短路和煤气泄漏,灾区震后发生

500 多处火灾，在火灾最严重的地方，烈火蔓延了 1 000 多米。

7.2 国内大震纪实

我国和我国周边地区是世界上发生大地震最集中的地区。20 世纪以来，仅 8 级以上的大地震就发生了 11 次，全世界造成人员伤亡最惨重的 3 次地震都发生在我国。

1. 1902 年新疆阿图什 8.3 级地震

1902 年 8 月 22 日，新疆阿图什发生 8.3 级地震，震中烈度 10 度，震源深度约 55 km，震中位于中国新疆阿图什北部。这是新疆历史记载当中最强烈的地震，也是天山南北麓区域有记载以来最大的一次地震。阿图什地震共造成阿图什所属的 18 个市、县和所属 77 个点共计倒塌房屋 3 万多间，死伤 1 万多人，损失牲畜 600 多头。

地震有感范围的平均半径达 540 km，面积达 92.7 万平方千米。最严重的地区是天山南麓从小阿图什至哈尔峻一带，土搁梁房屋几乎全部倒塌，土木结构和质量较好的土夯墙、土坯墙房屋大多数倒塌。山崩、滑坡、地裂、喷沙冒水现象极其严重而普遍，致使地表景观改变了面貌。阿湖附近的托盖山喀拉翁库尔有半个山头垮塌下来，塌下的土石方量达 30 万立方米，最大一处崩塌体达 1 540 m^3，崩塌物堵塞河流沟谷形成多处堰塞湖。河滩、平地裂缝呈网带状分布，缝长几十米，宽达数米。孙他克附近阿图什山岩错动、崩塌极甚，绝大多数树木被震倒。小阿图什附近两个山头震坍合为一体，平地喷砂冒水高达七八米，地裂缝最短者亦达 3～4 km，树木全部倾倒。阿图什北面半个山头滑动 10～20 m，土石崩塌堵塞道路，树木震倒陷入地裂缝中。

2. 1920 年宁夏海源 8.5 级地震

1920 年 12 月 16 日 20 时 6 分，我国宁夏南部和甘肃东部等六盘山广大地区发生里氏 8.5 级大地震，震中烈度 12 度，震源深度 17 km，震中位于宁夏回族自治区海原县。这次地震共死亡

234 117 人。地震还压死大量的牲口，造成大量房屋倒塌。

海源地震处在青藏高原北部及其东北部边缘地带的“青藏高原北部地震区”。海源地震不仅是我国历史上最大的地震之一，也是世界上最大的地震之一。地震影响波及宁夏、甘肃、陕西、青海、山西、内蒙古、河北、北京、天津、河南、山东、四川、湖北、安徽、江苏、上海、福建等 17 个省市，震感面积达 3×10^{7} km^{2}，约占中国面积的 31%。地震给震区带来了空前的灾难，在 7 度区就已经有人口死亡，极震区的中心地带建筑物几乎被夷为平地，海源、固原、西吉、静宁等 4 座县城全部毁灭。海源地震还造成了中国历史上最大的地震滑坡。由于极震区地处黄土高原，山体滑坡和山谷裂陷无数，滑坡群体形成一系列串珠状的堰塞湖，其中最大的长 25 km，宽约 5 km。灾区有的一间窑洞压死 100 多人；有的村庄 300 多口人在山崩时同葬一穴。加之当时北洋政府救灾不利，灾情进一步扩大。海源地震是 20 世纪地震史上地震冲击范围最大的一次地震。由于海源地震释放的能量特别的大，而且强烈的震动持续了十几分钟，世界上有 96 个地震台都记录到了这次地震。

3. 1932 年甘肃昌马 7.6 级地震

1932 年 12 月 25 日 10 时 4 分，位于甘肃、青海交界处的昌马堡，发生里氏 7.6 级大地震，震中烈度 10 度，震中位于甘肃省昌马堡，造成 7 万人死亡。

昌马断裂带为祁连构造带内加里东期形成的昌马-俄博断裂带的西段，这次地震是断裂带强烈活动的产物。地震造成酒泉县等严重破坏，金塔城墙四周倒塌约 135 m，鼎新的城墙和房屋在顷刻之间坍塌一半。东南乡昌马的房屋 90%倒塌，人员死亡 400 多人，牲畜死亡在 500 头以上。赤金区房屋 60%～70%倒塌。安西有民房 200 余间倒塌，城墙垛口倾圮五段。地震还造成了严重的山崩、地面破裂、滑坡、井泉干涸，疏勒河断流数日。著名古迹嘉峪关城楼被震坍一角，疏勒河南岸雪峰崩塌。此次地震后，余震频繁，且持续时间长达半年，给当地造成了巨大的损失。

4. 1933 年四川叠溪 7. 5 级地震

1933 年 8 月 25 日 15 时 50 分 30 秒，中国四川茂县叠溪镇发生震级为 7. 5 级的大地震。此次地震，震中烈度 10 度，叠溪镇被摧毁。震前该地异象迭出：犬哭羊嘶，蛇出鼠惊，乌鸦惨啼，母鸡司晨。地震发生时，地吐黄雾，城郭无存，有一个牧童竟然飞越了两重山岭。巨大山崩使岷江断流，形成大量的堰塞湖。1933 年 10 月 9 日 19 时，堰塞湖崩溃，洪水倾湖溃出，霹雳震山，尘雾障天，造成下游严重水灾，仅灌县境内捞获的尸体就有 4 000 多具。叠溪地震和地震引发的水灾，共使 2 万多人死亡。

5. 1966 年河北邢台 7. 2 级地震

1966 年 3 月 8 日 5 时 29 分，河北省邢台地区隆尧县发生 6. 8 级地震，此后又发生了多次强震，以 3 月 22 日 16 时 19 分发生于宁晋县东南的 7. 2 级地震震级最大。地震共死亡 8 064 人，伤 38 000人，经济损失 10 亿元。

震区处于滹沱河冲积扇的西南缘，太行山山前洪积——冲积倾斜平原的前缘，古宁晋泊湖积——冲积洼地及冲积平原之间。由于灾区土质松散、地下水位高、古河道等因素，地震造成的破坏损失严重，破坏范围大。有感范围波及北到内蒙古多伦，东到烟台，南到南京，西到铜川等广大地区。受灾地区包括河北省的邢台、石家庄、衡水、邯郸、保定、沧州 6 个地区，80 个县市，1 639 个乡镇，17 633 个村庄。地震使灾区 110 多个工厂和矿山、52 个县市邮局、京广和石太等多条铁路、公路遭到破坏。地震造成了山石崩塌。3 月 22 日 7. 2 级地震时，邢台、石家庄、邯郸、保定 4 个地区，发生山石崩塌 361 处，山崩飞石撞击引起火灾 22 处，烧毁山林 3 000 亩。震后事故性火灾连续发生，共发生火灾 422 起，烧死 39 人，烧伤 74 人，烧毁防震棚 470 座。地裂缝沿着滏阳河、古宁晋泊和古河道范围成带状分布；喷砂冒水比较普遍，多分布在古河道、地形低洼和土质疏松地区。由于震后谣言泛滥，地震影响涉及河北、河南、北京等 3 个省市、8 个地区、40 个县市，数万人。

邢台地震以后，在周恩来总理的指示下，我国成立了中央和地方政府地震监测、防御和应急救援的专门机构，并加快了工程抗震研究和设计规范的编制工作。

6.1976年云南龙陵7.4级地震

1976年5月29日，云南西部龙陵县先后发生两次强烈地震。第一次发生在20时2分18秒，震级为7.3级，第二次发生在22时0分23秒，震级7.4级。这次地震属于震群型地震。余震活动额度高，强度大。每次地震各出现了两个极震区。自5月29日至年底共记录到3级以上地震2 477次，其中，4.7级、5.9级19次，6.2级、7.3级及7.4级各一次。这次地震使云南省保山地区、临沧地区、德宏傣族景颇族自治州的9个县遭到不同程度的损失。人员死亡98人，重伤451人，轻伤1 991人，房屋倒塌和损坏42万间。受灾面积约1 883 km^2。地震引起的滑坡也造成较严重损失。滑坡毁坏农房180幢，稻田、牧场、森林茶园近3 900 hm^2，破坏渠道1 126条，摧毁一座装机容量为240 kW的水电站和三座20 kW以下的水电站。破坏道路185 km，塌方量达78万立方米。龙陵地震经历了中期和短临预报的过程，并在震前采取了相应的防震措施。浅层崩塌性滑坡是此次地震的典型现象。

7.1976年河北唐山7.8级地震

1976年7月28日凌晨3时42分，唐山市发生7.8级地震，震中烈度达12度，震源深度12 km，震中位于唐山市路南区的吉祥路一带。同日18时45分，又在距唐山40余千米的滦县商家林发生7.1级余震。地震共造成242 419人死亡，164 581人受重伤，仅唐山市区终身残废的就达1 700多人；毁坏公产房屋1 479万平方米，倒塌民房530万间，直接经济损失高达54亿元。唐山大地震是20世纪世界上人员伤亡最大的地震。

唐山地震破坏范围超过30 000 km^2，有感范围广达14个省、市、自治区，相当于全国面积的1/3。这次地震发生在工业城市，人口稠密，损失十分严重。唐山市区建筑物多数基本倒平或严重破坏，铁轨发生蛇形扭曲，地表发生大量裂缝。极震区包括京山铁路南北两侧的 47 km^2，区内所有的建筑物几乎荡然无存。一条长 8 km、宽 30 m 的地裂缝带，横切围墙、房屋和道路、水渠。唐山及其周围地区，出现大量的裂缝带、喷水冒沙、井喷、重力崩塌、滚石、边坡崩塌、地滑、地基沉陷、岩溶洞陷落以及采空区坍塌等。被地震损毁房屋 65 万余间，达 95%，超过 280 km 柏油路严重破坏，71 座大、中型桥梁，160 座小型桥梁，1 000 余个道路涵洞塌陷垮裂，至天津、北京、东北和沿海的主要公路干线路基塌陷或出现裂缝。公路交通基本断绝，东西铁路干线被切断，京沈铁路瘫痪。全市供水、供电、通讯、交通等生命线工程全部破坏，所有工矿全部停产，所有医院和医疗设施全部破坏。

8. 1976 年四川松潘、平武 7.2 级地震

1976 年 8 月 16 日 22 时 06 分，地处四川省西北部的松潘、平武地区发生了 7.2 级地震。由于地震前地震部门曾做了中期和短期预报，并采取了人员撤离等积极的预防措施，所以人员伤亡较少。8 月 22 日 05 时 49 分和 23 日 11 时 03 分，该地区又相继发生了 6.7 级和 7.2 级强烈地震。

这些地震的震源深度为 10～20 km，极震区规模小，据调查长半轴为 5 km，短半轴为 1.5 km 左右，面积约 29 km^2。极震区内破坏严重，砖木结构房屋大都倒塌，穿架房大都损坏。震时出现崩塌、滑坡。震后降雨，泥石流淹没村庄，堵塞河道成湖泊，道路毁坏，通讯中断。

松潘、平武二县人烟稀少，密度约 6～29 人/平方千米。县内山脉高耸，森林覆盖面积大，经济以农业或农牧业为主，工业经济欠发达。因此，相对于工业、交通、经济发达地区以及人口密度大的城市来说，此次地震造成的损失要小得多。据当年的松潘、平武、茂汶、南坪四县统计，这次地震房屋倒塌 500 余间，耕地被毁达 15 000多亩，损失粮食 1 700 多万斤，牲畜死亡 2 800 余头，损坏桥梁 30 多座，涵洞 200 多处，有几个容量 2 600 kW 的小水电站亦损

坏停电。这次地震人员伤亡较少，据统计，死亡 41 人，重伤 156 人，轻伤 600 余人。

9.1999 年台湾集集 7.7 级地震

1999 年 9 月 21 日 1 时 47 分，台湾嘉义至南投一带发生 7.6 级强烈地震，震源深度约为 7 km，震中位于台湾省花莲西南的南投县境内。震后共发生 5 级以上余震 13 次。整个灾区死亡 2 329 人，伤 8 722 人，失踪 39 人，倒塌各类建筑物 9 099 栋，受灾人口 250 万，灾民 32 万，财产损失 92 亿美元。

台湾岛位于太平洋板块和欧亚板块的前沿地带。地震时，台湾中部呈南北走向的大茅埔——双冬断层与车笼埔断层逆冲断层错动性变化，导致断层沿线的丰原、大境、务峰、中兴新村、南投、名间、竹川等市县村镇地区的灾难性破坏。台湾南投县及其东面的集集、埔里一带和日月潭附近，遭到前所未有的破坏。浙江省沿海的金华、衢州、杭州、宁波、嘉兴、湖州等地区亦有明显震感。灾区建筑物坍塌无遗，到处是断壁残垣，交通、通信、供电中断，台湾岛几近瘫痪。地震对公路和桥梁的破坏甚为严重，全岛 569 处交通中断。集集火车站全毁，数百幢房屋全毁，房屋倒塌近万栋，约有 20 万户住宅需要拆除重建。

10.2008 年四川汶川 8.0 级地震

2008 年 5 月 12 日 14 时 28 分，四川省汶川县突发里氏 8.0 级大地震，震中映秀镇最大烈度达 11 度，破坏特别严重的地区超过 10 000 km^2。截至 8 月 25 日 12 时，地震已直接造成 69 226 人死亡，374 643 人受伤，17 923 人失踪，总受灾人数达到 1 240 多万，倒塌房屋 50 余万间，直接经济损失 8 700 亿人民币。汶川是新中国成立以来破坏力及波及范围最大一次严重地震灾害。

地震中，位于震中映秀镇、漩口镇和卧龙镇等八个乡镇，基本被夷为平地；威州、绵虒地区农民群众的房屋大部分倒塌，县城 3 万余人在避难场所紧急避难；极震区道路、桥梁基础设施严重破坏，山体滑坡、泥石流严重；公路被全部震断，出现多处塌方，桥梁垮塌，完全瘫痪。北川县县城几乎被夷为平地，北川老县城80%、新县城60%以上建筑垮塌，县城周边山体滑坡，县城上游因山体滑坡形成大量堰塞湖。体量最大的唐家山堰塞湖，滑坡体坝高约82～124 m，集雨面积达3 550 km^2，蓄水容积约3.2亿立方米。极震区交通几乎完全中断，滞留游客上千人。什邡市多处居民楼房、学校和企业厂区在震中坍塌，其中两个化工厂厂区有数百人被埋，80余吨液氨泄漏；位于山区的蓥华、红白、八角、湔底、洛水等乡镇，受灾最为严重，通讯交通全部中断；绵竹市共7所学校倒塌，1 700人被埋；全市70%农户房屋倒塌，受灾镇乡21个，受灾人数40多万人；汉旺镇城区逾九成房间倒塌，近山边出现大面积塌方。

相关研究表明，汶川大地震位于龙门山地震带。该地震带成北东走向，长约400 km，宽40～60 km，其演化历史久远，结构复杂，主要由平行的三条北东向的主干活动断裂分布为：龙门山主边界断裂（江油—都江堰断裂），北东起于陕西宁强、勉县一带，向南西经广元、江油、都江堰至天全，全长500 km，其中北东段马角坝断裂、中段二王庙断裂和南西段天全断裂，在平面上总体呈左行雁列展布，在南东有次级断裂发育；龙门山主中央断裂（映秀—北川断裂），西南始于泸定附近，向北东经宝兴盐井、映秀、北川，至陕西境内与勉县—阳平关断裂相交，总长大于500 km，由北川断裂、映秀断裂、盐井断裂等组成，挤压兼右旋走滑运动性质明显，主干断裂两侧发育一系列次级断裂；龙门山后山断裂（汶川—茂县断裂），其西南端在泸定附近，向北东经宝兴陇东、汶川耿达、汶川、茂县平武、青川等地。由青川断裂、茂县—汶川断裂、耿达—陇东断裂等组成，右旋走滑运动性质明显。

相对于其他几次地震来说，汶川地震有如下特点：

(1)震级强

地震局公布的汶川地震为8.0级。这是沿断层长期积聚能量的总爆发，超过了我国有记载的任何一次地震，在世界上也属于罕见的特大地震。地震时那种撼动山川，蹂躏大地的巨大力量，实在是远远超出了人们的想象。人类无力对抗自然，因此应该懂得敬畏自然，学会善待自然，努力与自然和谐相处。

(2)余震多

5月12日14时28分主震发生以后，接着又发生了多次强烈的余震：5月12日20时5.7级，5月13日7时6.1级，5月25日16时6.4级……这些余震使原已受损的房屋结构再次遭受破坏性的作用，更使处于困境中的的灾区雪上加霜。

(3)震源浅

汶川地震的震源深度约14 km，属于浅源地震。因此对震中断裂带附近的地貌改变影响特别巨大。据报道，震中断层附近观察到的最大高差达6 m左右，破坏力也就几乎是不可抗拒了。

图7.1为地震后沿某断层形成的地面高差。据当地目击者称，震后高差曾经达到3 m。十多天以后调查时已经回落，但仍为2 m左右。

图7.1 地震后沿断层形成的高差

图 7.2 为断层所经之处，平整的操场已变成斜坡。而断层所过之处房倒屋塌，已成为一片废墟了。

图 7.2　断层附近房屋的破坏

(4)范围广

发生地震的龙门山脉主震断裂带长 185 km，包括余震的断裂带总长 300 km 左右，一直延伸到甘肃、陕西南部。加上这次地震本身震级很高，释放的能量巨大，因此这次地震波及的范围有几百万平方千米，甚至连远在千里之外的北京、上海以及东南亚的邻国都感受了明显的震动。据有关方面报导，汶川地震的实际受灾面积达到 44 万平方千米，重灾区约 12 万平方千米。像这样大面积的受灾范围，在地震历史上也是极其罕见的。

(5)时间长

这次地震的特点之一是持续时间长。由于汶川大地震是由沿断层发生的一系列地层断裂造成的，因此多次连续震动持续的时间较长。据称，观测纪录值为 120 s，这也是地震史上比较少见的现象。长时间的持续震动，对建筑结构的破坏性极大。原本可能摇摇欲坠的建筑，经不住地震作用的持久影响而难免塌垮，造成了这次地震中特别惨重的损失。

(6)伴随次生灾害

汶川地震的主震区在龙门山脉的山岳地带，地震造成的地貌改变及次生地质灾害十分明显。山体滑坡、塌方、滚石、泥石流等不仅摧毁了大量的建筑物，而且阻断交通，摧毁了电力、通信等生命线工程，严重地影响了对灾区的救援，扩大了灾害的破坏程度。在灾区的山地，随处都可见由于滑坡引起绿色山林中的“伤疤”。

图7.3为由于地震引起巨大的滑坡削掉了半座山体，不可阻挡地掩埋了山脚下的一切，包括房屋、田地、道路和其他设施。所幸的是这次地震形成的几十个堰塞湖，由于及时抢救、疏通而未造成溃决，否则后果将不堪设想。

图7.3　山体滑坡

(7)地域性强

这次地震的地域性非常显著。窄长条形的主震区由南西向北东方向延伸，甚至远在几百千米以外的陕西省西安市也遭受了震害，而近在东南方向仅几十千米的成都却影响很小。也正因为如此，当都江堰地震后到处危楼、废墟，一片灾区景象的时候，近在咫尺的成都市区却基本看不出受灾的痕迹。

这种近距离内震害的巨大反差，在山麓地带表现得特别明显。甚至在十几千米的距离内就能观察到完全不同的震害景象。有关观测表明，在约为 20 km 的近距离内，遭遇的地震烈度就可以由 7 度急剧陡升到 11 度，造成的震害完全不同，变化之大令人惊讶。

(8)场地效应显著

这次地震灾区的地形复杂多变，包括山地、河谷、丘陵、平原等，地震影响的场地效应十分明显。往往近在咫尺几乎完全相同的建筑物，震害的程度却有天壤之别。

图 7.4 为距离断层不足 10 m 的一幢三层教学楼，地震时被抬升 2 m 以上。周围房倒物塌一片狼藉，然而这座教学楼却基本未受损坏，甚至连裂缝都很难找到。地震波的传播方式和场地地质条件的影响，可能是造成这种偶然性和巨大差别的原因。这方面的规律十分复杂，目前尚难以解释，有待今后继续探讨。

图 7.4　断层附近教学楼完整无损

(9)方向效应明显

受到断裂带走向与地震波传播方向的影响，这次地震造成的震害与建筑物的朝向有关。同样的“L”形房屋或“口”形围墙，往往一个方向倒塌或破损严重，而另一个方向则基本完好。这种房屋朝向与断层走向之间相对方向关系对震害的影响，值得加以深入的研究。并应作为今后在地震活动区域规划、建造房屋的参考。

参考文献

[1] 宋波,黄世敏. 图说地震灾害与减灾对策. 北京:中国建筑工业出版社,2008.

[2] 殷维翰,陶世龙,赵松龄等. 地震问答. 北京:地震出版社,1997.

[3] 刘大海,钟锡根,杨翠如. 房屋抗震设计. 西安:陕西科学技术出版社,1985.

[4] 王越. 直面地震. 北京:中国发展出版社,2008.

[5] 胡聿贤. 地震工程学. 北京:地震出版社,1988.

[6] [法]J. H. 法布尔著. 地球的奥秘. 孙永华,陈超译. 北京:中国市场出版社,2008.

[7] 曾融生,陈运泰. 探索地球内部的奥秘. 北京:清华大学出版社,2002.

[8] 徐家声,赵全基. 大洋的年轮——海陆变迁的历史. 北京:海洋出版社,2008.

[9] 蒋傅,戴丽思. 工程地震学概论. 北京:地震出版社,1993.

[10] [日]笠原庆一著. 防灾工程学中的地震学. 郑斯华,庄灿涛译. 北京:地震出版社,1992.

[11] 梅全亭,李建. 房屋抗震加固与维修. 北京:中国建筑工业出版社,2009.

[12] 陈国兴. 岩土地震工程学. 北京:科学出版社,2007.

[13] 胡聿贤. 地震安全性评价技术教程. 北京:地震出版社,1999.

[14] 徐有邻. 汶川地震震害调查及对建筑结构安全的反思. 北京:中国建筑工业出版社,2009.